EXTRAITS

DE LA

RELATION ORIGINALE DES VOYAGES

D'IBN-BATOUTAH.

VOYAGES

D'IBN-BATOUTAH

DANS

LA PERSE ET DANS L'ASIE CENTRALE,

EXTRAITS DE L'ORIGINAL ARABE, TRADUITS ET ACCOMPAGNÉS DE NOTES,

PAR M. DEFRÉMERY

MEMBRE DU CONSEIL DE LA SOCIÉTÉ ASIATIQUE.

PARIS.

IMPRIMÉ PAR E. THUNOT ET C^{o},

SUCCESSEURS DE FAIN ET THUNOT,

28, RUE RACINE, PRÈS L'ODÉON.

1848.

VOYAGES D'IBN BATOUTAH

DANS LA PERSE ET DANS L'ASIE CENTRALE,

EXTRAITS DE L'ORIGINAL ARABE, TRADUITS ET ACCOMPAGNÉS DE NOTES,

Par M. DEFRÉMERY.

AVERTISSEMENT.

Le nom d'Ibn Batoutah (le *fakih* ou jurisconsulte Abou-Abd-Allah Mohammed) a pris, depuis quelques années, un rang honorable dans l'histoire de la géographie au moyen âge (1). Ce voyageur quitta Tanger, sa ville natale, dans l'année de l'hégire 725 (1324-5), avec l'intention de faire le pèlerinage de la Mekke. Après avoir traversé l'Afrique septentrionale, l'Égypte, la Syrie, il s'acquitta de ce de-

(1) On sait que les célèbres voyageurs Seetzen et Burckhardt ont, les premiers, signalé l'importance de l'ouvrage d'Ibn Batoutah.

voir imposé à tout bon musulman par le fondateur de l'islamisme ; puis il visita la plus grande partie de l'Orient, et acheva ses courses par un voyage dans le Soudan (1).

Nous savons, par l'aveu d'Ibn Djozaï, rédacteur des voyages d'Ibn Batoutah, que ce voyageur n'a pas mis lui-même par écrit la relation qui porte son nom ; mais qu'il se contenta de « dicter à un copiste la description des villes qu'il avait visitées, les anecdotes et les histoires qu'il pouvait se rappeler, etc. (2) » D'après cet aveu, nous devons nous attendre à rencontrer plus d'une inexactitude dans l'ouvrage du voyageur africain. C'est, en effet, ce qui a lieu, ainsi que M. Dulaurier l'a déjà fait observer (3). A l'article de Bokhara, Ibn Batoutah nous apprend qu'il fut dépouillé sur mer par les infidèles de l'Inde et qu'il perdit, dans ce désastre, les notes qu'il avait recueillies à Bokhara, et sans doute aussi celles qu'il avait mises par écrit dans ses précédents voyages. Cette circonstance nous explique pourquoi on ne rencontre pas plus d'indications itinéraires dans la relation d'Ibn Batoutah.

L'ensemble des voyages d'Ibn Batoutah n'est connu jusqu'ici de l'Europe savante que par un abrégé rédigé par un certain Mohammed Ibn Fath-Allah-al-Bilouni, et qui a été traduit en anglais par un savant orientaliste, le professeur Samuel Lee (4). Cet

(1) Pour de plus amples détails sur la vie d'Ibn Batoutah et pour une appréciation critique du livre qui porte son nom, on fera bien de recourir à la savante introduction placée par M. Reinaud en tête de sa traduction de la *Géographie* d'Aboulféda, t. 1, p. CLVI à CLXI.

(2) *Journal Asiatique*, mars 1843, p. 243, art. de M. de Slane.

(3) *Journ. Asiat.*, août-septembre 1846, p. 217, et mars 1847, p. 253.

(4) *The travels of Ibn Batuta, translated from the abridged arabic manuscript copies*, etc. London, 1829, 1 vol. in-4°. Avant

abrégé ne peut donner qu'une idée incomplète de la relation originale. Al-Bilouni a supprimé sans pitié nombre de détails géographiques et historiques donnés par son auteur ; il s'est attaché de préférence à reproduire les anecdotes merveilleuses et les récits relatifs aux religieux et aux dévots musulmans qu'Ibn Batoutah rencontra dans le cours de ses voyages. D'ailleurs, les noms propres de lieux sont écrits dans son livre d'une manière souvent peu correcte.

Un religieux portugais, le P. Jose de Santo-Antonio Moura, a publié, en 1840, le 1er volume d'une version portugaise de la relation originale (1). Cette traduction a été faite sur un manuscrit que le Père Moura avait acheté à Fez. D'après ce que je tiens d'un juge très-compétent, M. le Dr Reinhart Dozy, de Leyde, « elle est assez bonne, mais les noms propres sont tellement défigurés qu'on a de la peine à les reconnaître ; Moura y a ajouté un très-petit nombre de notes, mais elles n'ont presque aucune valeur et sont dépourvues d'intérêt. » Le tome Ier, le seul publié jusqu'ici, correspond à la première partie de l'original, et finit à l'arrivée d'Ibn Batoutah dans le Pendjab.

Deux morceaux importants de la relation originale ont été traduits en français : le premier, consacré au Soudan, par M. le baron de Slane ; le se-

M. Lee, le savant orientaliste allemand Kosegarten et un de ses élèves avaient publié et traduit quatre fragments d'un autre abrégé d'Ibn Batoutah. Voici le titre de ces deux publications : *De Mohammede Ebn Batuta Arabe Tingitano ejusque itineribus*, commentatio academica, auctore J. G. L. Kosegarten, Jenæ, 1818, in-4°, 51 p. — *Descriptio terræ Malabar, ex arabico Ebn Batutæ itinerario edita, interpretatione et annotationibus instructa*, per Henricum Apetz. Jenæ, 1819, in-4°, 24 p.

(1) *Viagens extensas e dilatadas do celebre Arabe Abu-abdallah, mais conhecido pelo nome de Ben Batuta*.

cond, relatif aux îles de l'archipel Indien, par M. Édouard Dulaurier. J'ai entrepris d'exécuter le même travail pour les trois fragments qui se rapportent à la Perse et à l'Asie centrale. Quoique ces morceaux, et notamment le troisième, laissent beaucoup à désirer sous le rapport géographique, ils n'en sont pas moins très-précieux, à cause de l'époque où ils ont été écrits, et des détails historiques qu'ils présentent sur divers princes musulmans, tels que l'Atabek du Louristan, les rois de Chiraz, d'Hormouz et d'Hérat et les Khans du Djaghataï.

Le premier extrait correspond à la fin du chapitre VI et au commencement du chapitre VII de la traduction anglaise de l'abrégé. Il commence au moment où Ibn Batoutah s'embarque à Abbadan, sur le golfe Persique. Ma traduction a été faite sur deux manuscrits de la Bibliothèque royale (n°s 908 et 911 du supplément arabe), collationnés dans les cas douteux sur un troisième manuscrit appartenant au même établissement (n° 910 du même fonds).

Nous nous embarquâmes sur mer dès l'aurore, dans l'intention de nous rendre à la ville de Madjoul. Parmi les coutumes que j'ai adoptées dans mes voyages, est celle de ne pas revenir, autant que possible, par un chemin que j'ai déjà suivi. Je désirais *donc* aller à Bagdad, dans l'Irak. Un habitant de Basrah me conseilla de me mettre en route pour le pays des Lours, puis pour l'Irak-Adjem et enfin pour l'Irak-Arab. J'agis d'après son conseil. Nous arrivâmes au bout de quatre jours dans la ville de Madjoul (1), place peu considérable, située sur le rivage de ce canal qui, comme nous l'avons dit plus haut, est dérivé de la mer de Perse (Bahr Farès, c'est-à-dire le golfe Persique). Le territoire de Madjoul est d'une nature saumâtre ; il ne produit ni arbres ni plantes. Il s'y trouve un grand marché, d'entre les plus grands *qui existent*. Nous séjournâmes à Madjoul un seul jour. Puis je louai une monture à ces individus qui transportent des grains de Ramiz (2) à Madjoul. Nous marchâmes durant trois jours dans une plaine habitée par des Curdes, qui logent sous des tentes de crin. On dit que ces Curdes tirent leur origine des Arabes. Nous arrivâmes ensuite à la ville de Ramiz, qui est une belle cité, fertile en fruits et baignée par de nombreuses rivières. Nous y logeâmes chez le cadhi Hoçam eddin Mahmoud. Je rencontrai

(1) Cette ville est nommée Machour par sir John Macdonald Kinneir (*a Geographical Memoir of the Persian Empire*, p. 91). Elle est située au milieu d'un désert, entre Devrak et Hindian, à deux milles anglais de la mer, et compte environ 700 habitants. (Cf. Stocqueler's *Fifteen month's pilgrimage*, t. I, p. 84.

(2) Au lieu de Ramiz l'abrégé traduit par M. Lee porte Ramin. Ce savant suppose (p. 37, note) que cet endroit est peut-être un de ceux nommés Ramsin ou Ramis dans Uylenbroek (Iracæ Persicæ descriptio, texte arabe, p. 67, et non 65). Mais ces localités sont toutes deux situées dans le voisinage d'Hamadan. D'ailleurs, nos manuscrits épellent ce mot lettre par lettre, ce qui ne peut laisser aucun doute sur sa véritable lecture. Le *Nozhet-el-Coloub* ou géographie persane d'Hamd-Allah Mustaufi nous offre ce qui suit : Ramiz... Hormouz, fils de Chapour, fils d'Ardéchir Babégan, construisit cette ville. Elle fut appelée Ram-Hormouz. Mais avec le temps, ce nom fut changé en Ramiz. »

auprès de lui un homme savant et vertueux. Il était d'origine indienne et s'appelait Béha-eddin Ismaïl. Il descendait du cheïkh Béha-eddin Abou-Zacaria Moltani, et était au nombre des plus illustres cheïkhs de Tébriz et autres villes. Je séjournai dans la ville de Ramiz une seule nuit. Après en être partis, nous marchâmes durant trois jours dans une plaine où se trouvaient des villages habités par les Curdes. Il y a à chaque station (1) un ermitage où le voyageur trouve du pain, de la viande et des sucreries. Leurs sucreries sont faites de jus de raisin mélangé avec de la farine et du beurre. Dans chaque ermitage, il y a un *cheïkh*, un *imam*, un *muezzin*, un *khadim* (serviteur) pour les pauvres, et des esclaves et des domestiques chargés de faire cuire les mets.

J'arrivai ensuite à la ville de Toster, située à l'extrémité de la partie plane des États de l'Atabek et à la naissance des montagnes. C'est une ville grande, belle et florissante. On y voit de superbes vergers et des jardins incomparables. Cette cité se recommande par des qualités excellentes et par des marchés très-fréquentés. Elle est de construction ancienne. Khalid, fils de Vélid, en fit la conquête. C'est la patrie de Sahl, fils d'Abd-Allah. Le fleuve Bleu (*al nehr al Azrak*, c'est-à-dire le Caroun) fait le tour de Toster. C'est un fleuve admirable, extrêmement limpide et très-froid pendant les journées chaudes. Je n'ai pas vu de rivière dont les eaux

(1) Le mot arabe *merhéléh* désigne une journée de marche et, par suite, la station que l'on rencontre à la fin de cette journée.

soient plus bleues, si ce n'est la rivière de Balakhchan (1). Il y a à Toster une porte destinée aux voyageurs. On l'appelle *Dervazeh Disboul;* car *dervazeh* chez eux est synonyme de *bab* (en arabe). Il y a d'autres portes qui conduisent au fleuve. Sur les deux rives de ce fleuve se trouvent des vergers et des roues hydrauliques (*aldévalib*). Le fleuve est profond. A la porte des voyageurs, on a établi sur le *Nehr-Al-Azrak* un pont de bateaux semblable à celui de Bagdad. Les fruits abondent à Toster, et l'on s'y procure facilement toutes les commodités de la vie. Ses marchés n'ont pas leurs pareils en beauté.

En dehors de Toster se trouve un mausolée vénéré, auquel les habitants de ces régions se rendent en pèlerinage, et envers lequel ils s'engagent par des vœux. On y voit un ermitage où résident plusieurs *fakirs*, qui prétendent que ce mausolée est celui de Zeïn-el-Abidin Ali, fils d'Hoceïn, fils d'Ali. Je descendis, à Toster, dans le médréceh (collége) du cheïkh, de l'imam pieux et savant Cherf-eddin Mouça, fils du cheïkh pieux, du savant imam Sadr-Eddin Soleïman, de la postérité de Sahl, fils d'Abd-Allah. Ce cheïkh est doué de qualités généreuses et de

(1) Ou Badakhchan. Cette rivière est encore appelée *Gueuktcheh*, c'est-à-dire, la bleuâtre. Voyez *A Journey to the source of the river Oxus*, by lieut. John Wood, pp. 244, 250, 251, 252, 256, 258, 304, 393. D'après ce courageux voyageur, le Gueuktcheh, de même que tous les autres tributaires de l'Oxus, est fertile en or. Page 382. Cf., sur cette dernière circonstance, Alexandre Burnes, *Cabool, being a personal narrative of a Journey to and residence in that city*, p. 278.

grands mérites, réunissant à la fois la science, la piété et la bienfaisance. Il possède un médréceh et un ermitage, dont les serviteurs (*khadim*) sont quatre jeunes esclaves qui appartiennent au cheïkh : Sunbul, Cafour, Djeuher et Sorour. L'un d'eux est préposé à l'administration des legs pieux faits à l'ermitage; le second s'occupe des dépenses nécessaires de chaque jour; le troisième a dans ses attributions le service de la table dressée pour les arrivants : c'est lui qui leur fait servir de la nourriture. Le quatrième a la surveillance des cuisiniers, des porteurs d'eau et des valets de chambre. Je séjournai près de ce cheïkh pendant seize jours; je n'ai rien vu de plus surprenant que le bon ordre établi par lui, ni de table plus abondamment fournie que la sienne. On servait devant chaque convive ce qui aurait suffi à quatre personnes. Parmi ces mets se trouvaient du riz poivré et cuit dans le beurre, des poulets frits, du pain, de la viande, des sucreries.

Le cheïkh est au nombre des hommes les plus beaux et les plus vertueux. Il prêche les fidèles après la prière du vendredi, dans la mosquée *djami* (cathédrale). Lorsque je fus témoin de son talent pour la prédication, tous les prédicateurs que j'avais vus auparavant dans le Hedjaz, la Syrie et l'Égypte furent rabaissés à mes yeux. Je n'ai point rencontré son pareil. Je me trouvais un jour auprès de lui dans un verger qui lui appartenait, sur les bords du fleuve. Les *fakihs* (jurisconsultes) et les grands de la ville étaient réunis en cet endroit, et les fakirs y étaient venus de tous les côtés. Il fit manger tout ce monde, puis il récita avec eux la prière de midi et remplit l'office de *khatib* et de prédicateur, après que son *imam* eût fait une lecture du Coran, avec des intonations qui arrachaient des larmes et des modulations qui remuaient l'âme. Le cheïkh prononça une *khotbah* (discours) pleine de gravité et de dignité. Il excella dans les diverses branches de la science, comme d'interpréter le Coran, de citer les *hadits* (traditions) du prophète et de disserter sur leur signification.

Ensuite on lui jeta de toutes parts des morceaux de papier (car c'est la coutume des Persans d'écrire des questions sur des morceaux de papier, et de les jeter au prédicateur, qui y fait une réponse). Lorsqu'on lui eut jeté ces billets, il les rassembla dans sa main et commença à y répondre successivement, dans le style le plus remarquable et le plus beau. Sur ces entrefaites, le temps de la prière de l'asr (après-midi) arriva. Le cheïkh la récita avec les assistants, qui s'en retournèrent ensuite. Le salon de ce personnage fut, *ce jour-là*, un lieu sanctifié par la science, la prédication, les bénédictions; les gens repentants s'y présentèrent à l'envi l'un de l'autre. Il prit d'eux des engagements et coupa leurs cheveux sur le devant de la tête. Ces individus consistaient en quinze étudiants, qui étaient venus de Basrah pour cet objet, et en dix hommes du peuple de Toster.

Lorsque je fus entré dans cette ville, la fièvre me prit. Cette maladie attaque quiconque entre dans cette contrée durant la saison chaude, comme à Damas et dans d'autres villes abondantes en eau et en fruits. La fièvre atteignit mes compagnons. Un cheïkh d'entre eux, nommé Iahia al Khoraçani, vint à mourir. Le cheïkh (Cherf-eddin Mouça) se chargea de le faire inhumer avec toutes les cérémonies nécessaires, et fit la prière sur son corps. Je laissai à Toster un de mes compagnons, qui s'appelait Béha-eddin al Khoténi. Il mourut après mon départ. Pendant ma maladie, j'avais du dégoût pour les mets qui étaient préparés pour moi dans le médréceh du cheïkh. Le *fakih* Chems-eddin-al Hindi, un des étudiants de ce médréceh, me cita un mets. Je désirai en manger et, *à cet effet*, je remis au *fakih* des dirhems (pièces d'argent). Il fit cuire pour moi ce plat dans le marché et me l'apporta. J'en mangeai. Le cheïkh apprit cela et en fut mécontent. Il vint me voir et me dit : « Comment! tu agis ainsi, et tu fais cuire des aliments dans le marché. N'ai-je point ordonné aux *khadim* de préparer pour toi ce que tu désirerais ? » Puis il les fit tous venir et leur dit : « Tout ce qu'il vous demandera de mets et de sucre ou autres objets, apportez-le lui ; faites-lui cuire ce qu'il voudra. » Il leur fit à cet égard les recommandations les plus expresses.

Nous partîmes de Toster et nous voyageâmes durant trois jours dans des montagnes élevées. A chaque station était un ermitage, ainsi qu'il a été dit précédemment. Nous arrivâmes à la ville d'Idedj, appelée aussi Mal-émir. C'est la résidence du sultan, l'Atabek. A mon arrivée dans cette ville, j'allai loger chez le cheïkh des cheïkhs, le savant, le vertueux Nour-Eddin al Kermani, à qui appartenait l'inspection sur tous les ermitages (les Persans appellent ces édifices médréceh). Le sultan a pour lui de la considération et lui rend visite; les grands de l'État et les principaux de la capitale le visitent aussi matin et soir. Ce personnage me reçut avec honneur, me traita comme son hôte, et me logea dans un ermitage qui porte le nom d'Al-Dinavéri. J'y demeurai durant plusieurs jours. Mon arrivée eut lieu pendant l'été. Nous faisions les prières de la nuit, puis nous restions sur le toit (c'est-à-dire, la terrasse), et nous descendions dans l'ermitage après le lever du soleil. Il y avait avec moi douze fakirs, parmi lesquels un imam, deux lecteurs du Coran, fort habiles, un *khadim;* nous jouissions du meilleur traitement.

Sur le roi d'Idedj et de Toster.

Le roi d'Idedj, à l'époque de mon entrée dans cette ville, était le sultan, l'atabek Afraciab, fils du sultan atabek Ahmed. Atabek est chez eux un titre commun à tous les rois qui gouvernent cette contrée. Ce pays est appelé pays des Lours. Ce sultan en devint le souverain après *la mort de* son frère l'atabek Ioucef, qui avait succédé à son père l'atabek Ahmed. Ce dernier était un roi pieux. J'ai entendu raconter, par des habitants de ses États dignes de confiance, qu'il fit construire dans son royaume quatre cent soixante ermitages : sur ce nombre, il y en avait quarante-quatre à Idedj. Il partagea les tributs de ses États en trois parties égales : la première était consacrée à l'entretien des ermitages et des médréceh ; la seconde à la solde des troupes ; enfin, la troisième était destinée à ses dépenses et à celles de sa famille, de ses esclaves et de ses serviteurs. Il envoyait chaque année, sur ce dernier tiers, un présent au roi de l'Irac. Souvent il se rendait en personne auprès de lui. J'ai vu que les monuments de sa piété se trouvaient, pour la plupart, dans des montagnes élevées. Les chemins y ont été creusés dans les rochers et les pierres les plus dures, et ils ont été tellement aplanis et élargis, que les bêtes de somme y montent avec leurs fardeaux. La longueur de ces montagnes est de dix-sept journées de marche, sur une largeur de dix journées de marche. Elles sont élevées, contiguës les unes aux autres et coupées par des rivières. Les arbres qui y croissent sont des chênes, avec la farine (les glands) desquels on fabrique du pain. A chaque station se trouve un ermitage que l'on appelle médréceh. Lorsque le voyageur arrive à un de ces médréceh, on lui apporte une quantité suffisante de nourriture pour lui et du fourrage pour sa monture, soit qu'il en fasse la demande ou qu'il ne la fasse pas. Leur coutume est que le *khadim* du médréceh vienne, qu'il compte les personnes qui y sont descendues, et qu'il donne à chacun deux pains, de la viande et des sucreries. Tout cela provient de legs pieux faits par le sultan.

Le sultan, l'atabek Ahmed, était un homme pieux et dévot, ainsi que nous l'avons mentionné; il revêtait sous ses habits, et immédiatement par-dessus sa peau, un vêtement de crin. L'atabek Ahmed alla une fois trouver le roi de l'Irac, Abou-Saïd. Quelqu'un des courtisans de ce prince lui dit : « L'atabek entre auprès de toi, couvert d'une cuirasse ; » car il pensait que le vêtement de crin que l'atabek portait sous ses habits était une cuirasse. Abou-Saïd ordonna à ses courtisans de s'assurer de cela, en feignant de la familiarité, afin de connaître la vérité du fait. L'atabek se présenta un jour devant lui. L'émir Djouban, le plus grand des émirs de l'Irac; l'émir Soubotah (1), émir du Diar-bekr, et le cheïkh Haçan, celui-là même qui est actuellement sultan de l'Irac, s'approchèrent de l'atabek et palpèrent ses vêtements, comme s'ils voulaient plaisanter et rire avec lui. Ils trouvèrent sous ses habits le vêtement de crin. Le sultan Abou-Saïd le vit; il marcha vers l'atabek, l'embrassa, le fit asseoir à son côté et lui dit : « Tu es mon père. » Il lui fit, en retour de son présent, un présent une fois plus considérable, et lui expédia un iarlig (diplôme) portant que ni le sultan ni ses enfants ne réclameraient dorénavant de présent de l'atabek.

L'atabek mourut dans la même année. Son fils

(1) Nos trois manuscrits portent Souvitah; je lis Soubotah, parce que je regarde ce nom comme une variante de celui de Soubodaï, qui a été porté par un des principaux généraux de Djenguiz-Khan.

l'atabek Ioucef régna dix ans, puis il fut remplacé par son frère Afraciab. Lorsque je fus entré à Idedj, je voulus voir le sultan. Cela ne me réussit pas, parce que ce prince ne sortait que le vendredi, à cause de son assiduité à boire du vin. Il avait un fils unique, qui était son successeur désigné. Ce fils tomba malade sur ces entrefaites. Une certaine nuit, un de ses serviteurs vint me trouver et m'interrogea touchant ma position. Je la lui fis connaître; après quoi il se retira. Cet homme revint après la prière du coucher du soleil, apportant avec lui deux grands plats, dont l'un était rempli de mets et l'autre de fruits, et en outre, une bourse pleine de pièces d'argent. Il était accompagné de musiciens avec leurs instruments. Il leur dit : « Faites de la musique, afin que les fakirs dansent et qu'ils prient pour le fils du sultan. » Je lui dis : « Certes, mes compagnons ne connaissent pas la musique ni la danse. » Nous fîmes des vœux en faveur du sultan et de son fils, et je partageai les dirhems entre les fakirs. Lorsque la moitié de la nuit fut écoulée, nous entendîmes des cris et des lamentations, car le malade était mort.

Le lendemain matin, le cheïkh de l'ermitage et les habitants de la ville entrèrent dans ma chambre et me dirent : « Les grands de la ville, cadhis, fakihs, chérifs et émirs, se sont rendus au palais du sultan, pour lui adresser des compliments de condoléance. Il convient que tu y ailles dans leur compagnie. » Je refusai de faire cela, mais ils me pressèrent et je ne pus me dispenser de partir. Je me mis *donc* en marche avec eux. Je trouvai le *michver* (salle d'audience) du palais du sultan rempli d'hommes et d'enfants, soit esclaves, soit fils de princes, de vizirs et de soldats. Tous avaient revêtu des tapis grossiers de diverses couleurs (1) et des housses de chevaux, et avaient couvert leur tête de poussière et de paille. Quelques-uns avaient même coupé leurs cheveux sur le devant de la tête. Ils étaient partagés en deux troupes : l'une placée à l'extrémité supérieure du *michver* et l'autre à son extrémité inférieure. Ces deux troupes s'avancèrent l'une vers l'autre, chaque assistant frappant sa poitrine avec ses mains et s'écriant : « Notre Seigneur. » Je vis dans cette circonstance quelque chose d'affreux et un spectacle honteux.

Parmi les aventures surprenantes est celle qui m'arriva ce jour-là. J'entrai dans la salle et je vis les cadhis, les khatibs (prédicateurs) et les chérifs appuyés contre les murs du *michver*, qui était tout à fait plein Ces hommes pleuraient ou faisaient semblant de pleurer, en tenant leurs yeux fixés sur la terre. Ils avaient revêtu par-dessus leurs habits des vêtements en coton grossier et non blanchi ; ces derniers n'étaient pas convenablement cousus. Leur

(1) Ibn-Batoutah emploie ici le mot *telalis*, pluriel de *tellis*, qui n'est qu'une altération du mot espagnol *terliz*, ainsi que mon savant ami, M. Reinhart Dozy l'a déjà fait observer (*Dictionnaire des noms des vêtements chez les Arabes*, p. 369, 370, note).

doublure était tournée en dehors, et l'endroit touchait le corps de ceux qui les portaient. Sur la tête de chacun des assistants était un morceau de *khirkah* (froc de derviche) ou une toque noire. Tel est leur costume jusqu'à l'expiration des quarante jours qui suivent les funérailles; cette époque est le terme du deuil chez eux. Le sultan envoie alors à tous ceux qui ont agi ainsi un vêtement complet (1).

Lorsque je vis tous les côtés du *michver* remplis de monde, je regardai à droite et à gauche, cherchant un endroit où je pusse m'asseoir. Je vis une estrade élevée d'un empan au-dessus de terre. A un de ses angles était assis un homme qui se tenait séparé de tous les autres assistants; il était couvert d'un vêtement de laine, semblable au feutre que les pauvres revêtent dans ce pays-là, les jours de pluie ou de neige et quand ils sont en voyage. Je m'avançai jusqu'auprès de lui. Mes compagnons se séparèrent de moi lorsqu'ils virent que je m'approchais de lui, et témoignèrent l'étonnement que leur inspirait mon action. J'ignorais complétement ce qu'était cet homme; je montai sur l'estrade et je le saluai. Il me rendit mon salut et se souleva de terre, comme s'il voulait se lever. Ils appellent cela *nisf alkiam*, c'est-à-dire, se lever à moitié. Je m'assis à l'angle opposé, puis je regardai les assistants; ils tenaient tous leurs regards fixés sur moi. J'en fus étonné. Je vis les fakihs, les cheïkhs, les chérifs adossés contre

(1) Le texte de ce paragraphe a déjà été publié et traduit par M. Dozy (*Opus suprà laudatum*, p. 42, 45.).

le mur sous l'estrade. Un homme distingué me fit signe de descendre à son côté. Je ne le fis pas, mais je soupçonnai alors que mon voisin était le sultan.

Au bout d'une heure, le cheikh des cheikhs Noureddin Alkermani, dont j'ai fait mention ci-dessus, arriva, monta sur l'estrade et salua cet homme. Celui-ci se leva à son approche; le cheikh s'assit entre lui et moi; je sus alors que c'était le sultan. On apporta ensuite la bière entre des citroniers, des limoniers, des orangers, dont les rameaux étaient tout couverts de fruits. Les arbres étaient *portés* devant le cortége; la bière marchait ainsi, comme au milieu d'un verger, précédée de lanternes et de bougies fixées à de longues lances. On fit la prière sur elle; puis les assistants l'accompagnèrent au lieu de la sépulture des rois, située dans un endroit nommé..... (1), à quatre milles de la ville. Là se trouve un grand médréceh, que traverse le fleuve, et qui renferme une mosquée où l'on fait la prière du vendredi. A l'extérieur est un bain; un grand verger entoure ce médréceh. On y prépare de la nourriture pour les voyageurs. Je ne pus accompagner le cortége au lieu de l'enterrement, à cause de la distance, et je retournai au médréceh.

Au bout de quelques jours, le sultan m'envoya son député, qui m'avait apporté précédemment les mets de l'hospitalité, afin de m'inviter à l'aller

(1) Ce mot est écrit de trois manières différentes dans nos manuscrits, et j'ignore quelle est la vraie leçon. L'un porte Helaïdjan, l'autre Helafihan, et le troisième Felaïhan ou Kelaïhan

trouver. Je me rendis, avec cet homme, à une porte nommée la porte du Cyprès (*Bab-as-serv*); nous montâmes de nombreux degrés, jusqu'à ce que nous arrivassions à un salon où il n'y avait pas de tapis, à cause du deuil dans lequel on était alors. Le sultan était assis sur un coussin, et il avait devant lui deux vases recouverts l'un d'or, l'autre d'argent. Il y avait dans le salon un petit tapis vert (de ceux sur lesquels on se met à genoux pour faire la prière). Il fut étendu pour moi près du prince, et je m'assis dessus; il n'y avait dans la salle que le *hadjib* (chambellan), le *fakih* Mahmoud et un serviteur dont j'ignore le nom.

L'atabek m'interrogea touchant mon état et mon pays; il me questionna au sujet de Mélic-Nacir (le sultan d'Égypte) et de la province du Hedjaz. Je lui répondis sur ces matières. Ensuite arriva un grand *fakih*, qui était le *réis* (chef) des fakihs de cette contrée. Le sultan me dit: « Cet homme est notre maître (*Mévlana*) Fadhil. » On n'adresse la parole aux Fakihs, dans toute la Perse, qu'en leur donnant le titre de Mevlana. C'est pourquoi le sultan et d'autres personnes appellent ainsi l'individu dont il est ici question. Le sultan commença à faire l'éloge de ce fakih; il me sembla que ce prince était vaincu par l'ivresse. J'avais précédemment appris son assiduité à se livrer à la boisson. Ensuite, il me dit en arabe, langue qu'il parlait avec élégance: « Parle *donc* ». Je lui dis: « Si tu m'écoutais, je te dirais: Tu es un des enfants du sultan Atabek

Ahmed, célèbre par sa piété et sa dévotion; il n'y a rien à te reprocher dans ta manière de gouverner, excepté cela; » et je montrai avec le doigt les deux vases; il fut honteux de ces paroles et garda le silence. Je voulus m'en retourner, mais il m'ordonna de m'asseoir et me dit : « C'est une *marque de la* miséricorde divine que d'être réuni avec tes pareils.» Ensuite je vis qu'il se penchait de côté et d'autre et désirait dormir, et je me retirai.

J'avais laissé mes sandales à la porte et je ne les y trouvai pas. Le fakih Mahmoud descendit pour les chercher. Le fakih Fadhil remonta, afin de les chercher dans le salon; il les y trouva dans une niche, et me les apporta. Sa bonté me rendit confus, et je lui fis des excuses. Il baisa alors mes sandales, les plaça sur sa tête (en signe de respect) et me dit : « Que Dieu te bénisse! ce que tu as dit à notre sultan, personne autre que toi ne pourrait le lui dire; j'espère que cela fera impression sur lui. »

Quelques jours après, je partis d'Idedj et je m'arrêtai dans le médréceh des sultans, où se trouvent leurs tombeaux; j'y passai plusieurs jours. Le sultan m'envoya une somme de *dinars* (pièces d'or), et envoya pareille somme à mes compagnons. Nous voyageâmes dans le pays de ce sultan durant dix jours, dans des montagnes élevées; chaque nuit nous nous arrêtions dans un medréceh où se trouvait de la nourriture. De ce pays une portion est cultivée et l'autre ne l'est pas, mais on y apporte tout ce qui est nécessaire. Le dixième jour, nous descendîmes dans un médréceh nommé Kériverrokh (1). Ce médréceh marque la fin des États de l'atabek.

Nous voyageâmes ensuite dans une plaine abondamment arrosée, et qui fait partie du gouvernement d'Ispahan. Nous arrivâmes à la ville d'Uchturkan. C'est une belle cité, bien pourvue d'eaux et de vergers; elle possède une mosquée admirable, traversée par un fleuve. Nous partîmes d'Uchturkan pour Firouzan (2); c'est une petite ville qui possède des rivières, des arbres et des vergers. Nous y arrivâmes après la prière de l'*asr* (l'après-midi). Nous vîmes que ses habitants étaient sortis pour suivre une bière au lieu de la sépulture; ils avaient allumé des lanternes devant et derrière cette bière; ils la suivaient avec des instruments de musique, et étaient accompagnés par des individus qui chantaient toute sorte de chansons propres à exciter l'allégresse. Nous fûmes étonnés de leur conduite (3).

(1) Ce nom est ainsi écrit dans les deux autres copies: Kériderrokha et Kérik erredj.

(2) Deux de nos manuscrits (910, 911) ajoutent ici: *Vèismoha Kaennaho tesniieto firouzi.* « Son nom ressemble au duel du mot Firouz. » Au lieu de Tesniieh, M. Lee a lu (p. 38) Tashnia et il traduit: Fairouzan, the name of which had been Tashnia Firuz.

(3) D'après ces détails, il est permis de supposer que la population de Firouzan appartenait à la tribu des Bakhtiaris. Comme nous l'apprenons de Morier (*second Journey*, p. 125), ces Lours, « au lieu de se lamenter aux enterrements, se réjouissent; car ils se rassemblent autour de la tombe où ils chantent et dansent le tchoppi (leur danse nationale), aux sons de la musique. Si la personne qui doit être enterrée a été tuée dans une bataille, ils

Nous demeurâmes une nuit à Firouzan ; nous passâmes le lendemain matin par une bourgade appelée Néblân : c'est un endroit considérable situé sur une grande rivière, près de laquelle se trouve une mosquée extrêmement belle. On y monte par des degrés et elle est entourée de vergers.

Nous marchâmes ce jour-là entre des vergers, des ruisseaux et de beaux villages, où se trouvent un grand nombre de tours à pigeons (1). Nous arrivâmes après l'*asr* à la ville d'Isfahan : c'est une ville grande et belle, mais sa partie la plus considérable est maintenant en ruines, à cause des discordes qui y existent entre les Sunnites et les Rafédhites (c'est-à-dire les Chiites); ces discordes ont continué jusqu'à présent : les deux sectes ne cessent pas de se combattre. On trouve à Isfahan des fruits en grande abondance. Parmi eux on remarque des abricots qui n'ont pas leurs pareils, et que l'on appelle du nom de Camar-eddin (2); les habitants les font sé-

se réjouissent davantage, regardant sa mort comme *hélal*, légale ; et si elle est morte loin de sa demeure, ils élèvent un cénotaphe temporaire, sur lequel ils placent son bonnet, ses armes et d'autres effets, et dansent et se réjouissent autour de lui. »

(1) Ces tours se montrent en grand nombre aux environs d'Ispahan. Voyez Morier, *Voyage en Perse, en Arménie*, etc., t. I, p. 222, 224 ; le même, *A Second Journey*, p. 140, 141. Johnson, *Voyage de l'Inde en Angleterre*, t. I, p. 148, 150; Macdonald Kinneir, *A Geographical Memoir of the Persian Empire*, p. 110.

(2) « Les abricots sont aussi fort multipliés et bien supérieurs à ceux d'Europe. On les fait sécher au soleil, après avoir enlevé le noyau. » Olivier, *Voyage dans l'empire othoman*, etc, édition in 8°, t. V, p. 192, 193 ; Cf. Johnson, *Opus suprà laudatum*, t. I, p. 200.

cher et les conservent ; on en rompt le noyau, qui renferme une amande douce (1). On distingue encore des coings qui n'ont pas leurs semblables pour la bonté et pour la grosseur (2) ; des raisins excellents (3) et des melons d'une qualité admirable. Ces derniers n'ont pas leurs pareils dans tout l'univers, si l'on excepte le melon de Bokhara et de Kharezm ; leur écorce est verte et leur chair rouge ; on les conserve de même que les figues sèches dans le Magreb ; ils possèdent une extrême douceur. Celui qui n'est pas accoutumé à en manger, est relâché la première fois qu'il en goûte : c'est ce qui m'arriva lorsque j'en mangeai à Isfahan.

Les habitants d'Isfahan ont une belle figure ; leur couleur est blanche, brillante, mélangée de rouge. Leur qualité dominante est la bravoure ; ils sont, en

(1) « Cette sorte d'abricots et d'autres encore s'ouvrent fort aisément. Leur noyau s'ouvre à même temps, ayant une amande douce et d'un goût excellent. On les transporte secs en mille lieux, etc. » *Voyages* de Chardin, édition de 1723, t. IV, p. 56.

(2) « Nous vîmes, dit Olivier, en parlant du jardin d'Hézar-djérib, à Ispahan, des coings très-gros, très-odorants, supérieurs à ceux du midi de la France. » *Voyage*, t. V, p. 191. D'après M. Sheridan (cité par sir Harford Jones Brydges, *An account of the transactions of his Majesty's Mission*, etc., t. I, p. 106), on brûle des coings d'Ispahan sur des réchauds, en guise de parfums. « Les coings d'Ispahan, ajoute ce voyageur, ont une odeur très-douce ; ils ne deviennent jamais complétement mûrs, et conservent toujours, plus ou moins, un goût aigre ; malgré cela, ils sont très-agréables et atteignent une grosseur beaucoup plus considérable que celle de toutes les pommes que j'ai jamais vues. »

(3) Cf. Olivier, *ibidem*, p. 188, 193 ; Chardin, t. IV, p. 54.

outre, généreux, et déploient une grande émulation dans les repas qu'ils se donnent les uns aux autres. On raconte d'eux, à ce propos, des histoires étonnantes. Souvent un d'eux invite son camarade et lui dit : « Viens avec moi manger du pain et du lait aigre caillé (1); » mais lorsque cet homme l'aura suivi, il lui fera manger toutes sortes de mets recherchés, s'efforçant de le vaincre par ce luxe. Les gens de chaque profession mettent à leur tête un chef choisi parmi eux, et qu'ils appellent *kélou*. Les principaux de la ville en usent de même, sans être gens de métier ; il y a aussi la troupe des gens non mariés. Ces confréries cherchent à se surpasser l'une l'autre. Quelques-uns de leurs membres en traitent d'autres, afin de montrer ce dont ils sont capables, et donnent tous leurs soins aux aliments *qu'ils servent à leurs invités*. On m'a rapporté que plusieurs d'entre eux traitèrent une autre réunion, et firent cuire leurs mets au feu des bougies ; les autres leur rendirent un repas, et firent cuire leurs plats avec de la soie.

(1) Notre voyageur se sert ici du mot persan *mas* (ou plutôt *mast*), qu'il explique en arabe par *leben*. Ce *mast*, ou lait aigre caillé, forme encore un des principaux ingrédients du *Nachta* ou déjeuner des Persans. Voy. Chardin, t. IV, p. 168, 186; Johnson, *Voyage de l'Inde en Angleterre*, t. I, p. 212 et 216; Adrien Dupré, *Voyage en Perse*, t. II, p. 422; Olivier, t. V, p. 289. Il paraît que le nom arabe du lait caillé n'est pas inconnu des Persans, car on lit dans un voyageur anglais : « ...coagulated milk, of which the Persians make great use, under the name of «libau.» *An Account of the transactions of H. M. mission*, etc., by sir Harford Jones Brydges, t. I, p. 91.

Je logeai à Ispahan dans un ermitage dont on attribue la construction au cheïkh Ali, fils de Sahl, disciple de Djoneïd. Cet édifice est tenu en grande vénération ; les habitants de ces contrées s'y rendent en pèlerinage. On y trouve de la nourriture pour les voyageurs. Il y a un bain admirable, pavé de marbre, et dont les murailles sont revêtues de faïence de Kachan (1) ; il a été destiné par un legs aux voyageurs. On n'impose aucune condition à personne pour y entrer. Le cheïkh de cet ermitage est le pieux, le dévot, le vertueux Cothb-eddin Hoceïn, fils du pieux cheïkh Véli-Allah (l'ami de Dieu) Chems-eddin-Mohammed, fils de Mahmoud, fils d'Ali, connu par le surnom d'Alredja (l'espérance, sous-entendu, de la religion). Son frère était le savant, le moufti Chéhab-eddin-Ahmed. Je séjournai auprès du cheïkh Cothb-eddin, dans cet ermitage, durant quatorze jours. Je vis des preuves de son zèle

(1) Nos manuscrits portent Kéçani, au lieu de Kaçani, comme on devrait lire avec le *Lobb-allobab* (édition Veth, p. 202). Le mot kéçani me paraît désigner ces tuiles ou carreaux de faïence émaillée de diverses couleurs. Ces tuiles sont fort vantées par Chardin. « A la vérité, dit-il, il ne se peut rien voir de plus vif et de plus éclatant en cette sorte d'ouvrage, ni d'un dessin plus égal et plus fin (*Voyage*, t. IV, p. 244). D'après Pétis de la Croix (*Extrait de ses Voyages*, à la suite de la *relation* de Dourri efendi, p. 136), « il s'y fait (à Kachan) de si fine faïence, appelée kachy kiary, qu'elle passe dans les autres pays pour de la porcelaine. » Le mot *kachi pez* désigne non-seulement un potier, comme porte le dictionnaire de Richardson, mais encore un fabricant de faïence, ainsi que nous l'apprend le P. Raphaël du Mans, dans sa relation manuscrite de la Perse, fol. 68 v°.

dans la dévotion, de son amitié pour les fakirs et les malheureux et de son humilité envers eux, qui me frappèrent d'admiration. Il me témoigna la plus grande considération et me traita avec beaucoup d'hospitalité. Il me fit présent d'un beau vêtement, et au moment même de mon arrivée dans l'ermitage, il m'envoya des mets et trois melons de l'espèce que j'ai décrite il n'y a qu'un instant; je n'en avais point encore vu ni mangé jusqu'alors.

Miracle de ce cheïkh. — Il me visita un jour dans l'endroit de l'ermitage où j'étais logé. Ce lieu dominait sur un verger appartenant au cheïkh; les vêtements de celui-ci avaient été lavés ce même jour, et se trouvaient étendus dans le verger. Je vis parmi eux une robe (*djobbeh*) blanche doublée, que l'on appelle chez les Persans hezermikhi (1); cette robe me plut, et je me dis en moi-même : « Je désirerais un pareil vêtement. » Lorsque le cheïkh fut entré dans ma chambre, il se mit à regarder le jardin et dit à quelqu'un de ses serviteurs : « Apporte-moi ce vêtement hezermikhi. » On le lui apporta, et il me le fit revêtir. Je me jetai à ses pieds, afin de les embrasser, et je le priai de me faire revêtir le bonnet (thakieh) qu'il portait sur sa tête, et de me transmettre cet honneur, ainsi qu'il l'avait reçu de son père, qui lui-même le tenait de ses cheïkhs. En

(1) Entre les diverses leçons que présentent nos manuscrits, j'ai préféré celle-là, parce que c'est celle qui se rapproche le plus du mot persan *Hezarmikh* ou *Hezarmikhi*, lequel désigne un habit de derviche cousu très-serré.

conséquence, il me fit revêtir ce bonnet le 14 de djomada 2d de l'année 727 (7 mai 1327), dans son ermitage sus-mentionné (1).

Nous partîmes d'Isfahan dans le dessein de visiter le cheïkh Medjd-eddin, à Chiraz : il y a entre ces deux villes une distance de dix journées de marche. Nous arrivâmes à la ville de Kélil. Il y a trois journées de marche entre cette ville et Isfahan. C'est une petite ville qui possède des rivières, des jardins et des *arbres à* fruits. J'ai vu vendre, dans son marché, des pommes pour un dirhem les quinze rothls Iraki ; leur dirhem est le tiers du *nokreh*. Nous logeâmes dans cette ville, dans un ermitage construit par un grand personnage de l'endroit, connu sous le nom de Khodjah-Cafi. Cet homme possède une fortune considérable, que Dieu l'aide à dépenser en bonnes actions, telles que l'aumône, la construction d'ermitages et le don d'aliments aux voyageurs. Nous marchâmes pendant deux jours, après être partis de Kélil, et nous arrivâmes dans une grande bourgade nommée Sorma (2). Il y a un ermitage où se trouve

(1) Je supprime une longue énumération d'individus qui avaient porté ce bonnet avant Ibn Batoutah, en remontant jusqu'au khalife Ali-ben-Ali-Thalib, ainsi que les remarques critiques dont le rédacteur de l'ouvrage, Ibn-Djozaï, a fait suivre ce catalogue.

(2) Au lieu de cette leçon, qui nous est fournie par les mss. 910 et 911, le ms. 908 porte Serka. — Je serais porté à croire que l'itinéraire d'Ispahan à Chiraz, tel qu'il est donné par Ibn Batoutah, renferme quelque inexactitude, qu'il s'y trouve un dérangement dans l'ordre des localités mentionnées. En effet, au

de la nourriture pour les voyageurs, et qui a été construit par ce même Khodja-Cafi.

lieu de placer Kélil et Sorma avant Iezd-Khast, je crois que notre voyageur aurait dû les mettre après cette ville Voici les raisons sur lesquelles je me fonde: Entre Ispahan et Iezdkhast nous ne rencontrons aucune localité dont le nom se rapproche de ceux de Kélil et de Sorma; nous les cherchons tout aussi vainement dans la géographie persane intitulée *Nozhet el Coloub*. On sait cependant que cet ouvrage, écrit à l'époque même où Ibn Batoutah visitait la Perse, indique jusqu'à de simples villages Comment croire alors qu'il aurait négligé de mentionner des endroits aussi importants que Sorma et surtout que Kélil? Tout s'explique, au contraire, si l'on suppose quelque dérangement dans l'ordre de l'itinéraire d'Ibn Batoutah et une légère faute dans l'orthographe du mot Kélil. Je proposerais de rétablir ainsi l'ordre des localités citées par notre voyageur: 1° Iezdokhas, 2° Sorma, 3° Kélil. — Le nom de Sorma se rencontre plus d'une fois dans les géographes orientaux et les voyageurs européens, sous les formes Sormak ou Sorma. Il est vrai qu'Edrici et Hamd-Allah-Mustaufi écrivent ce nom avec un *sin*, tandis qu'Ibn Batoutah l'écrit avec un *sad*. Mais on sait que ces deux lettres permutent assez souvent dans les noms propres arabes; il suffira d'en citer ici un exemple bien connu: le nom de la rivière Soghd, ou rivière de Samarkand, s'écrit tantôt avec un *sin*, tantôt avec un *sad*. Le *caf*, à la fin des mots, est aussi quelquefois remplacé par un *élif* ou un *hé*. C'est ainsi qu'Ibn Batoutah écrit Sorma au lieu de *Sormak*. Au lieu de Kélil je lis Kélid J'hésite d'autant moins à proposer cette correction, que deux de nos mss., qui indiquent l'orthographe du mot en question, se taisent sur sa dernière lettre. On sait d'ailleurs combien le *dal* (d) final peut être facilement confondu avec le *lam* (l) dans l'écriture arabe. Enfin, Morier nous apprend que « Eklid est communément appelée Kélil », *A Second Journey through Persia*, p. 122; et sir W Ouseley, *Travels in various countries of the East*, t. II, p. 443, note 18, nous dit: « J'ai entendu Eklid nommé, par quelques-uns des habitants, Kélil-i-Surmeh. » Il est vrai que Edrici et Hamd-Allah-Mustaufi écrivent Aklid avec un *caf* au lieu de *kef*. Quant à la

Nous partîmes de cet endroit pour Iezdokhas (Iezd-Khast), petite ville solidement bâtie, et dont

variante, qui consiste dans l'addition de la lettre *élif*, elle ne doit pas nous arrêter. On n'ignore pas que cette lettre s'ajoute ou se retranche à volonté au commencement de certains noms propres, dont les deux premières lettres sont des consonnes. D'ailleurs, les Persans prononcent actuellement Kélid. Le changement du *caf* en *kef* peut s'expliquer par le désir de rapprocher le nom d'Aklid ou Kélid du mot kélid, qui signifie clef. En effet, un vieillard d'Aklid dit à sir John Malcolm : « J'ai entendu un Molla affirmer que notre ville est appelée Aklid ou Kélid (la clef), et qu'à cause de sa beauté et de sa salubrité, elle est considérée comme la clef du paradis (*Sketches of Persia*, t. I, p. 243). Edrici (I, p. 420) dit que Sormak est entourée d'un territoire vaste, fertile et boisé, et qu'elle est populeuse et commerçante. Voici la traduction de l'article consacré par Hamd-Allah Mustaufi à cette même ville et à celle d'Aklid : « Aklid est une petite ville qui possède une citadelle. Son climat est tempéré ; elle a de l'eau courante, on y trouve des fruits de toute espèce. Le blé de la contrée provient de ce même endroit. Sormak est une petite ville, semblable en tout à Aklid. Les abricots (*zerd-alou*) de Sormak sont bons et agréables au goût. On les exporte après les avoir fait sécher. Beaucoup de localités dépendent d'Aklid, de Sormak et d'Audjan. » Ms. persan, n° 127, fol. 407 v. La citadelle d'Aklid, dont Hamd-Allah fait mention, est sans doute la même que le château d'Aklid et de Sormak, où le sultan mozafférien Chah Chodjâ fit emprisonner son fils sultan Chebéli (Voy. mon *Mémoire sur la destruction de la dynastie des Mozafferiens*, p. 45). Le sergent Gibbons cite Kilid et Surmah, sur sa route de Chehri-Babek à Iezd-Khast. Ce sont, dit-il, deux villages qui se touchent. Kilid est entouré de jardins et de champs de blé (*The Journal of the Royal Geographical Society*, t. XI, p. 147). Surmeh est mentionné par le baron de Bode (*Journey into Luristan and Arabistan*, t. I, p. 67) comme situé à quinze parasanges d'Iezd-Khast. D'après lui, autour de Surmeh, la contrée est particulièrement bien cultivée et abonde en villages. Adrien Dupré (*Voyage en Perse*, t. I, p. 302) cite le village de Surmé. Morier (*Voyage en Perse*, etc., t. I, p. 215) le marché est très-beau ; sa mosquée *djami* est admirable ; elle est bâtie en pierre et couverte de même. La ville s'élève sur le bord d'un fossé, où se trouvent ses vergers et ses fontaines. A l'extérieur de la ville est un caravansérail (*ribath*), où logent les voyageurs ; il est fermé par une porte de fer et est extrêmement fort. Dans l'intérieur de cet édifice se trouvent des boutiques où l'on vend tout ce dont les voyageurs ont besoin. Ce caravansérail a été bâti par l'émir Mohammed Chah Indjou, père du sultan Abou-Ishac, roi de Chiraz. On fabrique à Iezdokhas le fromage dit *Iezdokhaci*, qui n'a pas son pareil en bonté. Le poids de chaque fromage est de deux à quatre okiieh.

Nous partîmes d'Iezdokhas par le chemin de Dechterroum (la plaine du Romain). C'est une plaine habitée par des Turcs. Puis nous marchâmes vers Maiin, qni est une petite ville abondante en rivières et en vergers ; on y trouve de beaux marchés. La plupart de ses arbres sont des noyers. Nous en partîmes pour Chiraz ; c'est une ville solidement bâtie, d'une vaste étendue, d'une grande célébrité

en parle avec un peu plus de détails. Le même voyageur (t. II, p. 239) accorde à Sormek mille maisons (?) — Je dois faire observer en finissant qu'Ibn Batoutah me paraît dans l'erreur, lorsqu'il rapporte qu'il mit deux jours à se rendre de Kélil à Sorma. Ces deux localités sont beaucoup plus rapprochées, comme le prouve un simple coup d'œil jeté sur la carte du major Rennell, jointe à l'original du premier voyage de Morier, sur la carte qui accompagne l'itinéraire du sergent Gibbons, ou enfin, sur celle de Macdonald Kinneir.

et d'un rang élevé *parmi les villes*. Elle possède de frais vergers, des rivières qui se répandent au loin, des marchés admirables, des maisons élevées ; on y voit de nombreux édifices ; elle est construite avec solidité et admirablement disposée. Les gens de chaque métier ont un marché particulier, et les gens d'autres professions ne se mêlent pas à eux. Les habitants de Chiraz sont d'une belle figure ; ils portent des vêtements propres. Il n'y a pas dans l'Orient une ville qui nous donne l'idée de la ville de Damas, par la beauté de ses marchés, de ses vergers et de ses rivières, et de la figure des habitants, si ce n'est Chiraz. Cette dernière place est située dans une plaine ; des vergers l'entourent de tous les côtés, et cinq rivières la traversent, parmi lesquelles se trouve la rivière nommée Rocnabad (1). C'est une rivière dont l'eau est bonne à boire, extrêmement froide en été et chaude en hiver ; elle coule d'une source située au bas d'une montagne voisine, que l'on appelle al-Coleïah (le Petit-Château).

La mosquée principale de Chiraz est appelée Mesdjid al-Atik (la vieille mosquée) ; c'est une des plus grandes et des mieux bâties *que l'on puisse voir*. La cour est vaste et pavée de marbre ; on la lave chaque nuit durant le temps des chaleurs. Les principaux habitants de la ville s'y réunissent tous les

(1) Le Rocnabad doit sa célébrité aux vers d'Hafiz, dans lesquels son nom reparaît souvent. « Le zéphyr du Moçalla et l'eau du Rocnabad, dit quelque part ce poëte, ne me permettent pas de voyager. »

soirs et y font la prière du coucher du soleil et de l'*icha* (de la nuit). Au nord de cette mosquée est une porte nommée porte de Haçan, qui aboutit au marché au fruit; c'est un des plus admirables marchés qu'il soit possible de voir; je confesse qu'il l'emporte sur le marché de la porte de la Poste (*Bab-alberid*), à Damas.

Les habitants de Chiraz sont des gens de bien, pieux et chastes, et en particulier leurs femmes; elles portent des *khoffs* (bottines) et sortent couvertes de *milhafas* (manteaux) et de *borkos* (voiles), et on ne voit aucune partie de leur corps; elles répandent des aumônes et des bienfaits. Ce qu'il y a de plus étonnant chez elles, c'est qu'elles se rassemblent dans la mosquée, pour écouter le prédicateur, tous les lundis, les jeudis et les vendredis. Souvent il y en a mille et deux mille rassemblées; leurs mains leur servent d'éventails pour se rafraîchir, à cause de la chaleur. Je n'ai vu dans aucune ville de réunion de femmes aussi nombreuse. Lorsque j'entrai dans Chiraz, je n'avais d'autre intention que d'aller trouver le cheïkh, le cadhi, l'imam, la colonne des amis de Dieu, la merveille de son siècle, l'auteur de miracles évidents, Medjd-eddin Ismaïl, fils de Mohammed, fils de Khodadad (le sens de Khodadad est : Don de Dieu). J'arrivai au médréceh *Medjdiïeh*, qui lui doit son nom et où il a sa demeure. Ce médréceh a été construit par lui. J'allai le visiter, moi quatrième, et je trouvai les fakihs et les principaux habitants de la ville qui l'attendaient. Il sortit à l'heure de la prière de l'*asr* (l'après-midi), accompagné de Mohibb-eddin et Ala-eddin, tous deux fils de son frère utérin, Rouh-eddin. Le premier se tenait à sa droite et l'autre à sa gauche ; tous deux le suppléaient dans les fonctions de cadhi, à cause de la faiblesse de sa vue et de son grand âge. Je le saluai ; il m'embrassa, et me conduisit par la main jusqu'à ce qu'il fût arrivé auprès de son oratoire (moçalla). Alors il me lâcha et me fit signe de prier à ses côtés ; ce que je fis. Il récita la prière de l'*asr* ; ensuite on lut en sa présence dans le *Méçabih* et le *Chévarik al Anvar*, par Saghani. Ses deux suppléants (*naïb*) lui exposèrent les événements qui étaient venus à leur connaissance. Les grands de la ville s'avancèrent alors pour le saluer, car telle est leur coutume avec lui matin et soir. Cette cérémonie terminée, le cheïkh m'interrogea touchant mon état et les circonstances de mon arrivée, et me fit des questions relatives au Maghreb, à l'Égypte, à la Syrie et au Hedjaz. Je l'informai de ces divers objets.

Il donna à ses serviteurs des ordres d'après lesquels ils me logèrent dans une petite maison située dans l'intérieur du médréceh. Le lendemain un envoyé du roi de l'Irac, le sultan Abou-Saïd, arriva près du cheïkh ; cet envoyé était Nacir-eddin-al-Verkendi, un des principaux émirs et originaire du Khoraçan. Lorsque cet émir approcha du cheïkh, il ôta son *chachiieh* (que les Persans appellent *kula*, bonnet) de dessus sa tête, baisa les pieds du cadhi, et s'assit devant lui, frottant ses oreilles avec sa main : c'est ainsi qu'en usent les émirs tâtars vis-à-vis de leurs souverains. Cet émir était arrivé avec environ cinq cents cavaliers, ses esclaves, ses serviteurs ou ses compagnons. Il campa au dehors de la ville; *puis* il vint trouver le cadhi avec cinq personnes, et entra seul dans son salon, par politesse.

Anecdote qui fut le motif de la considération dont jouissait ce cheikh, et qui est au nombre des miracles admirables.

Le roi de l'Irak, le sultan Mohammed Khoda bendeh avait à son service, pendant qu'il était encore adonné à l'idolâtrie, un jurisconsulte de la secte des Rafédhites, partisans des douze imams, que l'on appelait Djémal-eddin, fils de Mothahher. Lorsque ce sultan eut embrassé l'islamisme, et que les Tâtars eurent fait de même, à son exemple, il témoigna une plus grande considération à ce fakih. Celui-ci lui vanta la doctrine des Rafédhites et sa supériorité sur les autres doctrines; il lui exposa l'histoire des compagnons de Mahomet et du khalifat, et établit à ses yeux qu'Abou-Becr et Omar étaient deux vizirs du prophète de Dieu; qu'Ali était son cousin germain et son gendre, et qu'en conséquence, il était légitime héritier du khalifat. Il comparait cela, auprès du sultan, avec l'idée familière à ce prince, que le royaume dont il était en possession n'était qu'un héritage venu de ses ancêtres et de ses proches (1);

(1) M. le baron C. d'Ohsson, dans son excellente *Histoire des*

il était aidé en cela par le peu de temps qui s'était écoulé depuis la conversion du sultan et par son ignorance des règles fondamentales de l'islamisme. Le sultan ordonna de porter les hommes à embrasser la doctrine des Rafédhites, et envoya des lettres à cet effet dans les deux Iracs, le Fars, l'Azerbaïdjan, Isfahan, le Kerman, le Khoraçan, et expédia des ambassadeurs dans ces provinces. Les premières villes où cet ordre arriva étaient Bagdad, Chiraz et Isfahan. Quant aux habitants de Bagdad, les gens de la porte du Dôme (*Bab-al-Azadj*), qui sont sonnites (musulmans orthodoxes) et pour la plupart suivent les dogmes de l'imam Ahmed, fils d'Hanbal, refusèrent d'obéir et dirent : « Nous n'obéirons pas. » Ils se rendirent en armes, le vendredi, à la mosquée *Djami*, où se trouvait le député du sultan. Lorsque le *khatib* fut monté sur le *minber* (chaire), ces hommes se dirigèrent vers lui, au nombre d'environ 12,000, tous armés (ils formaient la garnison de Bagdad et en étaient les habitants les plus marquants). Ils jurèrent au khatib que s'il changeait la *khotbah* (prône) accoutumée, ou s'il y ajoutait ou s'il en retranchait quelque chose, ils le combattraient, ainsi que l'envoyé du roi, et se soumettraient

Mongols (t. IV, p. 540), place ce raisonnement dans la bouche de l'émir Taremtaz. Le récit que nous donne Ibn Batoutah de la conversion d'Oldjaïtou à la doctrine des Chiites, est beaucoup plus circonstancié que celui de M. d'Ohsson. Ce savant historien garde le silence sur les résistances que rencontrèrent les volontés du sultan.

ensuite à la volonté de Dieu. Le sultan avait ordonné que les noms des khalifes et des autres compagnons *de Mahomet* fussent supprimés de la *khotbah*, et qu'on ne mentionnât que le nom d'Ali et de ses sectateurs, comme Ammar (1). Le khatib eut peur d'être tué, il fit la *khotbah* à la manière ordinaire.

Les habitants de Chiraz et d'Ispahan firent comme ceux de Bagdad. Les députés revinrent auprès du roi et l'instruisirent de ce qui s'était passé; il ordonna de lui amener les cadhis de ces trois villes. Le premier d'entre eux qui fut amené était Medjd-Eddin, cadhi de Chiraz. Le sultan se trouvait alors dans un endroit appelé Carabagh (2), et dans lequel il a l'habitude de passer l'été. Lorsque le cadhi fut arrivé, le sultan ordonna de le jeter à des chiens qui étaient nourris dans son palais. C'étaient des chiens d'une forte taille, au cou desquels pendaient des chaînes et qui étaient dressés à dévorer les hommes. Lorsqu'on amenait au sultan quelqu'un contre lequel il était en colère, on plaçait ce malheureux dans une vaste plaine, après lui avoir ôté ses chaînes. Ensuite ces chiens étaient lancés sur lui; il s'enfuyait devant eux, mais il n'avait aucun asile; les chiens l'atteignaient, le mettaient en pièces et dévoraient

(1) Voyez, sur ce personnage, la *Bibliothèque Orientale*, *verbo* Ammar ben Iasser.

(2) Voyez, sur cet endroit, un curieux passage du *Meçalik al-Absar*, traduit par M. Quatremère, *Histoire des Mongols de la Perse*, t. I, p. 22, note.

sa chair. Lorsque les chiens furent lâchés sur le cadhi Medjd-Eddin et qu'ils arrivèrent auprès de lui, ils remuèrent la queue devant lui et ne lui firent aucun mal.

Cette nouvelle parvint au sultan; il sortit de son palais les pieds nus, se prosterna aux pieds du cadhi, afin de les baiser, prit sa main et le revêtit de tous les vêtements qu'il portait. C'est le plus grand honneur que le sultan puisse faire chez ce peuple. Lorsqu'il a ainsi gratifié une personne de ses habits, c'est pour cet individu, pour ses fils et ses descendants, une distinction dont ils héritent, tant que durent ces vêtements ou qu'il en reste seulement une portion. La pièce du costume qui est la plus considérée en pareil cas, c'est le caleçon. Lorsque le sultan eut revêtu de ses habits le cadhi Medjd-Eddin, il le prit par la main, le fit entrer dans son palais, et ordonna à ses femmes de le traiter avec respect et de se réjouir de sa présence. Le sultan renonça à la doctrine des Rafédhites, et écrivit dans les provinces, afin d'ordonner que les habitants persévérassent dans la doctrine des sonnites. Il fit des dons magnifiques au cadhi, et le renvoya dans sa ville, comblé de marques d'honneurs et de considération. Il lui donna, entre autres présents, cent des villages de Djemkan. C'est une vallée (littéralement un fossé, *khandak*) entre deux montagnes, dont la longueur est de vingt-quatre parasanges et qui est traversée par une grande rivière. Les villages sont rangés des deux côtés de cette rivière; c'est le plus bel endroit du territoire de Chiraz. Parmi les grandes bourgades qui égalent les villes est la bourgade de Meïmen, qui appartient au même cadhi. Au nombre des merveilles de ce lieu, nommé Djemkan, est la suivante : la moitié de cet endroit qui est contiguë à Chiraz et qui a une étendue de douze parasanges, est extrêmement froide; la neige y tombe et la plupart des arbres qui y croissent sont des noyers; mais l'autre moitié, contiguë au pays de Hinjbal et au pays de Lar, sur le chemin d'Hormouz, est très-chaude et le palmier y croît. Je vis une seconde fois le cadhi Medjd-Eddin, à l'époque où je sortis de l'Inde. Je me dirigeai vers lui, de la ville d'Hormouz, afin d'obtenir le bonheur de le voir. Cela arriva en l'année 48 (748=1347). Entre Hormouz et Chiraz il y a une distance de trente-cinq journées de marche. Je visitai ce cadhi; il était dans l'impuissance de se mouvoir. Je le saluai; il me reconnut, se leva à mon approche et m'embrassa. Ma main tomba sur son coude; sa peau était collée aux os, sans qu'aucune parcelle de chair l'en séparât. Il me logea dans le médréceh, et dans le même endroit où il m'avait logé la première fois. Je le visitai un certain jour, et je trouvai le roi de Chiraz Abou-Ishac, assis devant lui, tenant son oreille *dans sa main*; car ce geste est chez eux le comble de la politesse, et les sujets le font lorsqu'ils sont assis devant leur roi.

J'allai une autre fois voir le cadhi au médréceh; je trouvai la porte fermée, et je m'informai du motif de cette circonstance. On m'apprit que la mère du sultan et sa sœur avaient eu ensemble une contestation, au sujet d'un héritage, et qu'il les avait renvoyées au cadhi Medjd-Eddin. Nous parvînmes jusqu'à lui, dans le médréceh. Ces deux femmes exposèrent leur affaire. Il prononça entre elles, ainsi que le voulait la loi. Les habitants de Chiraz n'appellent pas Medjd-Eddin cadhi, mais ils lui donnent le titre de Mevlana Aazem. C'est ainsi que l'on écrit dans les actes judiciaires et les contrats, qui exigent qu'il soit fait mention de son nom. La dernière fois que je vis le cadhi, ce fut dans le mois de rébi second 748 (juillet 1347). L'éclat de ses vertus luisit alors sur moi, et ses bénédictions se montrèrent à moi.

Histoire du Sultan de Chiraz.

Le sultan de Chiraz, lorsque j'arrivai dans cette ville, était le roi excellent (1) Abou Ishac, fils de Mohammed-chah Indjou (2). Son père lui donna le nom du cheikh Abou Ishac al Kazérouni. C'est un des meilleurs sultans *que l'on puisse voir*. Il a une belle figure, un extérieur avantageux, et sa conduite n'est pas moins belle. Son âme est généreuse,

(1) Almélik Alfadhil.

(2) Mahmoud-chah, dit M. d'Ohsson, avait adopté ce surnom, qui veut dire *domaine privé* en mongol. *Hist. des Mongols*, t. IV, p. 745. Il devait sans doute ce surnom à ce qu'il avait régi les domaines privés du sultan dans le Fars. *Ibidem*, p. 742, Cf. sur

ses qualités morales sont remarquables ; il est humble ; sa puissance est grande. Son armée excède le nombre de 50,000 hommes, Turcs et Persans. Ceux qui lui sont le plus attachés et qui l'approchent de plus près, sont les habitants d'Isfahan. Il n'a aucune confiance dans ceux de Chiraz ; il ne les admet pas à son service et ne les approche pas de sa personne. Il ne permet à aucun d'eux de porter des armes, parce que ce sont des gens braves, très-courageux et pleins d'audace envers leurs rois. Celui d'entre eux dans les mains duquel on trouve des armes, est châtié. J'ai vu un jour un homme que les *djandar* (djénadireh), c'est-à-dire, les gens du guet, traînaient devant le *hakim* (juge), après lui avoir mis une chaîne au cou. Je m'informai de l'aventure de cet homme, et j'appris qu'on avait trouvé dans sa main un arc, pendant la nuit. Le sultan a jugé à propos de traiter avec violence les habitants de Chiraz, et de donner la préférence à ceux d'Isfahan, parce qu'il redoute les premiers.

Son père, Mohammed-chah Indjou (1), était *vali* (gouverneur, vice-roi) de Chiraz, au nom du roi de l'Irac. Il tenait une bonne conduite et était chéri des habitants de Chiraz. Lorsqu'il fut mort, le sultan Abou-Saïd nomma vice-roi à sa place le cheikh

le mot *Indjou*, une note de M. Quatremère, *Hist. des Mongols de la Perse*, t. I, pag. 130, 131.

(1) M. Lee a publié un passage de Mirkhond relatif à ce personnage. Son nom y est écrit Mahmoud au lieu de Mohammed. Le savant anglais a commis une singulière erreur dans la tra-

Hocein, fils de Djoban, émir des émirs, dont il sera parlé ci-après. Il envoya avec lui des troupes considérables. Ce seigneur arriva à Chiraz, s'en empara et en perçut les tributs. Or Chiraz est une des principales villes du monde, sous le rapport des revenus. Alhadjdj (le pèlerin) Cavam at-thamghadji, préposé à la perception des contributions à Chiraz, m'a raconté qu'il avait affermé les impôts pour dix mille dinars d'argent par jour. Cette somme changée en or du Maghreb, ferait deux mille cinq cents dinars d'or.

L'émir Hoceïn séjourna quelque temps à Chiraz. Puis il voulut aller trouver le roi de l'Irac. Il fit arrêter Abou-Ishac, fils de Mohammed-chah Indjou, ses deux frères Rocn-Eddin et Maçoud-Bek (1) et sa mère Thach-Khatoun, et voulut les emmener dans l'Irac, afin qu'ils livrassent les richesses de leur père. Lorsqu'ils furent arrivés au milieu du marché de Chiraz, Thach Khatoun releva le voile dont elle s'était couvert le visage, de peur qu'on ne la vît dans cet état (c'est la coutume des femmes turques de ne pas se couvrir la figure). Elle appela à son

duction de ce passage. Au lieu de dire que l'émir Mahmoud-chah Indjou avait occupé le gouvernement du Fars pendant plusieurs années, grâce à la protection et à la sollicitude que lui témoignait l'émir Tchoban (*Béhimaïet vé ihtimami emiri Tchoban*), il a traduit : the emir Mahmud shah Anju was, for years, *the protector and assistant* of the emir Juban (p. 40, note *).

(1) Au lieu de ces mots le ms. 908 porte seulement : son frère Rocn-eddaulah Maçoud-Bek.

aide les habitants de Chiraz, et leur dit : « Est-ce que je serai ainsi enlevée d'au milieu de vous, ô habitants de Chiraz, moi, qui suis une telle, femme d'un tel ? » Un charpentier, nommé Pehlévan Mahmoud, que j'ai vu dans le marché de Chiraz, lors de mon arrivée en cette ville, se leva et dit : « Nous ne la laisserons pas sortir de notre ville et nous n'y consentirons pas. » Les habitants l'imitèrent dans ses discours. La populace excita du tumulte, prit les armes et tua beaucoup de soldats. Puis elle pilla les biens *des Mongols*, et délivra la princesse et ses enfants.

L'émir Hoceïn et ses adhérents prirent la fuite, et allèrent trouver le sultan Abousaïd. Celui-ci donna à Hoceïn une armée nombreuse, et lui commanda de retourner à Chiraz, et d'exercer l'autorité sur les habitants de cette ville selon son bon plaisir. Lorsque les Chiraziens apprirent cette nouvelle, ils virent bien qu'ils n'étaient pas assez forts pour résister à Hoceïn. Ils allèrent trouver le cadhi Medjd-Eddin, et le prièrent de prévenir l'effusion du sang et de ménager une paix. Ce personnage sortit de la ville au-devant de l'émir. Hoceïn descendit de cheval à son approche, et le salua. La paix fut conclue. L'émir campa ce même jour en dehors de Chiraz. Le lendemain matin, les habitants sortirent à sa rencontre dans le plus bel ordre ; ils décorèrent la ville et allumèrent de nombreux flambeaux. L'émir fit une entrée pompeuse et tint envers les Chiraziens la conduite la plus louable.

Lorsque le sultan Abou-Saïd fut mort, que sa postérité fut éteinte, et que chaque émir se fut emparé de ce qui était entre ses mains, l'émir Hoceïn craignit pour sa vie les entreprises des habitants de Chiraz, et sortit de leur ville. Le sultan Abou-Ishac s'en rendit maître, ainsi que d'Isfahan et de la province du Fars; ce qui comprend l'étendue d'un mois et demi de marche (1). Sa puissance devint considérable, et son ambition médita la conquête des villes voisines. Il commença par la plus rapprochée, qui était la ville d'Iezd, cité belle, propre, décorée de superbes marchés, et possédant des fleuves considérables et des arbres verdoyants. Ses habitants sont des marchands, et font profession de la doctrine de Chafeï. Abou-Ishac assiégea Iezd et s'en rendit maître. L'émir Mozaffer-Chah, fils de l'émir Mohammed-chah, fils de Mozaffer, se fortifia dans un château fort, à six milles d'Iezd. C'était une place inexpugnable, entourée de tous côtés par des sables. Abou-Ishac l'y assiégea.

L'émir Mozaffer-chah montra une bravoure au-dessus de l'ordinaire, et telle qu'on n'en a pas entendu raconter de pareille. Il faisait des attaques nocturnes contre le camp du sultan Abou-Ishac,

(1) Les révolutions dont le Fars fut le théâtre après la mort d'Abou-Saïd et jusqu'à ce que Abou-Ishac se fût emparé de Chiraz, ont été racontées dans mon *Mémoire historique sur la destruction de la dynastie des Mozaffériens*, p. 8-11. Voy. aussi l'*Histoire des Mongols* de M. le baron C. d'Ohsson, t. IV, p. 743-744.

tuait qui il voulait, déchirait les tentes et les pavillons, et retournait dans sa forteresse. Abou-Ishac ne pouvait l'atteindre. Mozaffer-chah fondit une nuit sur les tentes du sultan, y tua plusieurs personnes, prit dix des meilleurs chevaux d'Abou-Ishac, et revint dans son château. Le sultan ordonna que cinq mille cavaliers montassent à cheval toutes les nuits, et dressassent des embuscades à Mozaffer-chah. Cela fut exécuté. Le prince assiégé fit une sortie, selon sa coutume, avec cent de ses compagnons, et fondit sur le camp *ennemi*. Les troupes placées en embuscade l'entourèrent, et *le reste de* l'armée arriva successivement. Mozaffer-chah les combattit et se retira *sain et sauf* dans sa forteresse. Un seul de ses compagnons fut atteint; on le conduisit au sultan. Celui-ci le revêtit d'un *khilat*, le relâcha et envoya avec lui un sauf-conduit pour Mozaffer, afin que ce prince vînt le trouver. Mozaffer refusa. Ensuite des négociations eurent lieu entre eux; une grande amitié pour Mozaffer prit naissance dans le cœur du sultan Abou-Ishac, à cause des actes de bravoure dont il avait été témoin de la part de ce prince. Il dit : « Je veux le voir; après quoi, je m'en retournerai. » En conséquence, il se posta près du château. Mozaffer se plaça à la porte de la citadelle, et salua Abou-Ishac. Le sultan lui dit : « Descends, sur la foi de mon sauf-conduit. » Mozaffer répliqua : « J'ai fait serment à Dieu de ne pas t'aller trouver, jusqu'à ce que tu sois entré dans mon château. » Abou-Ishac répondit : « Je ferai cela. » Il entra dans la place, accompagné seulement de dix de ses courtisans. Lorsqu'il arriva à la porte du château, Mozaffer mit pied à terre, baisa son étrier, marcha devant lui et l'introduisit dans sa maison. Abou-Ishac y mangea des mets qui avaient été préparés pour lui. Après cela, Mozaffer se rendit à cheval avec Abou-Ishac dans le camp de ce prince. Le sultan le fit asseoir à son côté, le revêtit de ses propres habits, et lui donna une somme considérable. Il fut convenu entre eux que la *khotbah* serait faite au nom du sultan Abou-Ishac, et que la province appartiendrait à Mozaffer et à son père. Le sultan retourna dans ses États.

Abou-Ishac ambitionna un jour *la gloire* de construire un portique (*eïwan*) pareil à celui de Chosroës (Kisra) (1). Il ordonna aux habitants de Chiraz de s'occuper à en creuser les fondements. Ils commencèrent ce travail. Les gens de chaque profession luttaient d'émulation avec ceux des autres métiers. La chose alla si loin qu'ils firent des paniers de cuir pour transporter la terre, et qu'ils les recouvrirent d'étoffes de soie brochées d'or. Ils montrèrent un pareil luxe dans les housses des bêtes de somme et les *autres* dépenses relatives à ces ani-

(1) C'est le bâtiment connu aujourd'hui sous le nom de *Thaki Kesra*, ou voûte de Chosroës. Voy. Silvestre de Sacy, *Relation de l'Egypte*, par Abd-Allatif, p. 523; Olivier, *Voyage dans l'empire Othoman*, édition in-8, t. IV, p. 402-405; et le *Journal des Savants*, décembre 1790, où l'abbé de Beauchamps a donné une étymologie inadmissible de l'expression Thaki Kesra.

maux. Quelques-uns d'entre eux fabriquèrent des lanternes d'argent, et allumèrent de nombreuses bougies. Au moment du travail, ils revêtaient leurs plus beaux habits, et attachaient une serviette de soie (1) à leur ceinture. Le sultan assistait à leurs travaux, du haut d'un belvédère qui lui appartenait. J'ai vu cette construction, qui était déjà élevée au-dessus de terre, d'environ trois coudées. Lorsque les fondements furent bâtis, les habitants de la ville furent exemptés d'y travailler, et les ouvriers y travaillèrent moyennant un salaire (2). Des milliers de ceux-ci furent rassemblés pour ce travail. J'ai entendu dire *ce qui suit* au gouverneur de la ville : « La plus grande partie des tributs de Chiraz est dépensée pour cette construction. » La personne préposée à ces travaux, est l'émir Djélal-eddin-al-Féléki (3), at-Tébrizi, un des grands de Chiraz, et dont le père était *naïb* (substitut) du vizir du sultan

(1) Cf. sur cette acception du mot *foutha*, Reinhart Dozy, *Dictionnaire détaillé des noms des vêtements chez les Arabes*, pag. 339, note.

(2) Cette phrase a été rapportée par M. Dozy, dans le savant ouvrage déjà cité (p. 198, note). Seulement M. Dozy a eu tort de lire *fiha*, au lieu de *fihi*, que portait son manuscrit. Cette leçon est aussi celle de nos quatre mss. 908, 909 910 et 911 L'erreur de M. Dozy provient de ce que cet érudit distingué a lu *fa'let*, action, ouvrage, au lieu de *faalet*, pluriel de *faïl*, *agens*, et qu'il a rapporté *fihi* à *falet*, tandis que ce mot se rapporte à *Mebna* sous-entendu.

(3) Les mss. 909, 910 et 911 ajoutent ici le mot *Ibn*, c'est-à-dire fils; et au lieu de alféléki ou Felki, ou Filaki (Voy. le *Lobb el Lobab*, p. 199), le second porte alalaki.

Abou-Saïd, appelé Ali-chah Djilan. Cet émir Djélal-Eddin al-Féléki (1) a un frère distingué, appelé Hibet-Allah et surnommé Béha-al-Mulc, qui arriva à la cour du roi de l'Inde en même temps que moi. Cherf-al-Mulk (2), émir bakht, arriva avec nous. Le roi de l'Inde nous revêtit tous de robes d'honneur; plaça chacun de nous dans le poste auquel il était propre; nous assigna un traitement fixe et des gratifications, ainsi que nous le rapporterons ci-après.

Le sultan Abou-Ishac désirait être comparé au susdit roi de l'Inde, sous le rapport de la générosité et de la magnificence de ses dons. Mais que sont les pleïades en comparaison de la terre (3)? La plus grande libéralité d'Abou-Ishac que nous connaissions, c'est qu'il donna à Alcheikh-Zadeh-al-Khoraçani, qui vint à sa cour, en qualité d'ambassadeur du roi d'Hérat, 70,000 dinars. Quant au roi de l'Inde, il ne cesse de donner le double de cette somme à des personnes innombrables, originaires du Khoraçan ou autres.

(1) Ici le ms. 911 porte al-maliki, et le ms. 910, al-féléki.

(2) Ou, d'après le ms. 911, chérif-al-Molouk.

(3) *Wélakin aïna' ssureiia min' assera.* Cette phrase ou locution proverbiale se trouve rapportée aussi dans le *Fakihet alkholafa*, d'Ibn-Arab-chah. Voy. *Fructus imperatorum*, édition Freytag, p. 193.

Anecdote.

Parmi les actions étonnantes du roi de l'Inde envers les Khoraçaniens, est la suivante : Un des fakihs du Khoraçan, natif d'Hérat, mais habitant à Kharezm et appelé l'émir Abd-Allah, vint trouver ce prince. La *khatoun* (princesse) Torabek, femme de l'émir Cothloudomour, prince de Kharezm, l'avait envoyé, avec un présent, auprès du roi de l'Inde. Ce souverain accepta le présent, et le reconnut par un don valant le double, qu'il envoya à la princesse. L'ambassadeur de celle-ci, l'émir déjà nommé, préféra rester auprès du roi, qui le mit au nombre de ses commensaux. Un certain jour le roi lui dit : « Entre dans le trésor, et emportes-en la quantité d'or dont tu pourras te charger. » Cet homme retourna à sa maison. Puis il se rendit au trésor avec treize bourses, dans chacune desquelles il plaça tout ce qu'elle pouvait contenir. Il lia chaque bourse à l'un de ses membres (or il était doué d'une grande force), et emporta ce fardeau. Lorsqu'il fut sorti du trésor, il tomba et ne put se relever. Le sultan ordonna de peser ce qu'il emportait. Cette somme pesait treize *man*, poids de Dehli. Chaque *man* équivalait à vingt-cinq *rothl* égyptiens(1). Le roi lui commanda de prendre tout cela. Il le prit et l'emporta.

(1) Voy. Silvestre de Sacy, *Relation de l'Égypte*, p. 91, Cf. *Notices des Manuscrits*, t. XIII, p. 212 ; *Voyages* de Jean Thévenot, édition de 1727, t. V, p. 53, 54.

Histoire analogue à la précédente.

L'émir-bakht, surnommé Cherf-al-Mulc al-Khoraçani, dont il a été fait mention, il n'y a qu'un instant, fut indisposé dans la capitale du roi de l'Inde. Le roi alla lui rendre visite. Lorsqu'il entra dans la chambre du malade, celui-ci voulut se lever, mais il l'adjura de ne pas descendre de son *kot* (c'est ainsi que l'on appelle le lit, *asserir*). On étendit pour le sultan son coussin, que l'on nomme *almorah*(1), et il s'assit dessus. Puis il demanda de l'or et une balance. On apporta l'un et l'autre. Alors le prince ordonna au malade de s'asseoir dans un des plateaux de la balance. L'émir lui dit : « O maître du monde, si j'avais prévu que tu fisses cela, j'aurais revêtu un grand nombre d'habits. » Le roi répliqua : « Revêts donc tous les habits que tu possèdes. » L'émir prit des vêtements qu'il portait pour se préserver du froid, et qui étaient ouatés. Puis il s'assit dans un plateau de la balance. L'or fut placé dans l'autre plateau, jusqu'à ce que celui-ci l'emporta sur le premier. Le roi dit à l'émir : « Prends cela et fais-en des aumônes pour *préserver* ta tête. » Puis il sortit.

Histoire analogue à la précédente.

Le fakih Abd-al-Aziz al-Ardévili arriva auprès du roi de l'Inde. Cet homme avait enseigné la science des *hadits* (traditions) à Damas et y avait étudié la jurisprudence. Le roi lui assigna un traitement quo-

(1) Au lieu de ce mot, le ms. 910 paraît porter alharouah.

tidien de cent dinars d'argent, équivalant à vingt-cinq dinars d'or (1). Le fakih se présenta un jour à l'audience du prince. Le sultan l'interrogea touchant un *hadits*. Il lui cita promptement de nombreux *hadits* à ce sujet. Sa mémoire étonna le sultan; il lui jura sur sa tête qu'il ne sortirait pas de son salon jusqu'à ce qu'il eût fait ce que le *fakih* allait voir. Puis il descendit de son siége, baisa les pieds du fakih et ordonna d'apporter un plat d'or(2),

(1) M. Lee a autrement rendu ce passage; d'après lui, vingt-cinq dinars d'argent auraient équivalu à un seul dinar d'or. Mais notre texte est on ne peut plus clair. D'ailleurs, nous avons vu plus haut une somme de 10,000 dinars d'argent évaluée à 2,500 dinars d'or du Maghreb; ce qui prouve qu'il ne fallait que quatre dinars d'argent pour faire un dinar d'or.

(2) Notre auteur se sert ici du mot *siniyet*, dont le dictionnaire donne seulement le pluriel, *séouani*. Ce mot désignait dans l'origine un plat de porcelaine (*siniy*, de *sin*, nom de la Chine). Abd-Allatif l'a employé dans le sens de grand plat ou bassin de cuivre. Voy. *Relation de l'Égypte*, trad. par S. de Sacy, pag. 313, 319; Cf. *ibid*, p. 571. *Siniyet* a pour synonyme le mot *sini*. En effet, on lit dans la description d'un souper persan: « Chaque plateau contenait trois siney ou grandes soucoupes rondes, de cuivre étamé. » Voy. l'intéressant discours préliminaire placé par sir Harford Jones Brydges, en tête de sa traduction de l'histoire des Kadjars (*The dynasty of the Kajars*, etc., London 1833, pag. CXXXV). — Quant au mot *thaïfour*, que nous avons déjà rencontré plus haut, dans le récit du séjour d'Ibn-Bathoutah à Idedj, il a été savamment expliqué par M. Reinhart Dozy, *Journal Asiatique*, n° de janvier 1848, pag. 100, 101. Le pluriel de thaïfour est thaïafyr, comme on le voit par cet autre passage d'Ibn-Batoutah: « Devant elles étaient placés des thaïfour d'or et d'or et d'argent remplis de cerises.... Devant la *khatoun* se trouvait un *siniyeh* d'or. » Ms. 910, fol. 68 r.

Le mot *siny* désigne encore de petites tables, de forme cirqui ressemblait à un petit *thaïfour* (plat-creux); il y fit jeter mille dinars d'or, prit le plat de sa propre main, répandit les dinars sur le *fakih* et lui dit : « Ils t'appartiennent, ainsi que le plat. »

Un homme du Khoraçan, nommé Ibn-chcheïkh Abd-errahman Al-Isféraïni, dont le père s'était établi à Bagdad, arriva un jour à la cour du sultan. Celui-ci lui donna cinquante mille dinars d'argent, un cheval, des esclaves et des *khilats*. Nous raconterons beaucoup d'histoires relatives à ce roi, lorsque nous traiterons de l'Inde. Nous avons rapporté ce qui précède uniquement à cause de ce que nous avons allégué, que le sultan Abou-Ishac désirait être comparé à ce roi sous le rapport de la générosité. Certes, c'est un prince généreux et distingué. Mais il n'atteindra pas le rang du roi de l'Inde, en fait de générosité et de libéralité.

Description de quelques mausolées de Chiraz.

On voit dans cette ville le mausolée d'Ahmed, fils de Mouça et frère d'Ali-Ar-ridha. C'est un sépulcre vénéré des habitants de Chiraz. Ils sont heureux par ses mérites, et obtiennent la faveur de Dieu, grâce à la sainteté de ce monument. Thach-Khatoun, mère du sultan Abou-Ishac, a construit auprès du mausolée un grand *médrécëh* et un ermitage, où l'on trouve des aliments pour les voya-

culaire et de cuivre bien étamé, et qui servent de tables à manger. Voy. Mouradgea d'Ohsson, *Tableau général de l'empire othoman*, édition in-8, t. IV, p. 32.

geurs ; il y a aussi des lecteurs du Coran, qui lisent continuellement ce livre sur le mausolée. La *Khatoun* a coutume de venir à ce *mechched* (sépulcre) la nuit de chaque lundi. Les *cadhis*, les *fakihs* et les *cherifs* (descendants de Mahomet) se réunissent dans cette même nuit. Chiraz est une des villes qui possèdent le plus de chérifs. J'ai appris de personnes dignes de confiance que ceux des chérifs qui reçoivent des pensions à Chiraz, sont au nombre de plus de quatorze cents, tant petits que grands. Leur *nakib* (chef) est Adhed-eddin al-Hoceïni. Lors donc que cette assemblée est réunie dans le mausolée béni, elle lit d'un bout à l'autre le Coran dans des exemplaires manuscrits. De leur côté, les lecteurs du Coran le lisent avec leurs belles voix. On apporte des mets, des fruits, des sucreries. Lorsque l'assistance a fini de manger, le prédicateur prêche. Tout cela a lieu après la prière de midi et avant celle de la nuit (entre midi et neuf heures du soir environ). Pendant ce temps, la khatoun se tient dans une chambre haute, dominant la mosquée et munie d'une jalousie. Ensuite on joue des timbales et des trompettes au-dessus de la porte du mausolée, ainsi que l'on fait aux portes des rois.

Parmi les autres mausolées de Chiraz, est celui de l'imam Al-Véli (l'ami de Dieu), Abou-Abd-Allah, fils de Khafif, connu à Chiraz sous le nom du cheïkh. Cet homme était, de son vivant, le modèle de tout le Fars. Son mausolée est vénéré. Les dévots le visitent matin et soir, et le frottent avec la main. J'ai vu le cadhi Medjd-eddin venir le visiter et le baiser. La khatoun vient dans cette mosquée la nuit de chaque vendredi. On a construit auprès de cet édifice un ermitage et un médrécéh. Les cadhis, les fakihs s'y réunissent, et s'y conduisent comme dans la mosquée d'Ahmed, fils de Mouça. J'ai visité ces deux endroits. Le mausolée de l'émir Mohammed-chah Indjou, père du sultan Abou-Ishac, est contigu à ce mausolée. Le cheïkh Abou-Abd-Allah Mohammed, fils de Khafif, jouit d'un rang élevé, d'une grande réputation parmi les amis de Dieu. C'est lui qui enseigna le chemin de la montagne de Sérendib, dans l'île de Ceylan, qui fait partie de l'Inde.

Aventure miraculeuse de ce cheïkh.

On raconte qu'il se dirigea un jour vers la montagne de Sérendib, accompagné d'environ trente fakirs. La faim les surprit sur la route de la montagne, à un endroit où il ne se trouvait aucune habitation. Ils demandèrent au cheïkh de leur permettre de prendre un des petits éléphants, qui sont en très-grand nombre en ce lieu, et qui de là sont transportés à la capitale du roi de l'Inde. Le cheïkh leur défendit de faire cela (1). La faim les

(1) La défense du cheïkh était fondée sur la législation religieuse de l'islamisme, d'après laquelle l'éléphant est un des animaux immondes dont le fidèle ne doit jamais se nourrir. Mouradgea d'Ohsson, *Tableau général*, t. IV, p. 7. Sâdi cite, dans son *Gulistan* (édit. de Semelet, p. 16), une sentence arabe dont voici le sens : La brebis est pure, tandis que l'éléphant est une

vainquit; ils transgressèrent la parole du cheïkh, prirent un de ces petits éléphants, l'égorgèrent et mangèrent de sa chair. Mais le cheïkh refusa d'en manger. Lorsqu'ils furent endormis, dans la nuit suivante, les éléphants se réunirent de tous côtés, et vinrent dans l'endroit où ils se trouvaient. Ils se mirent à flairer chacun d'eux et le tuèrent ensuite, jusqu'à ce qu'ils les eussent tous tués. Ils flairèrent le cheïkh et ne lui firent aucun mal. Un de ces éléphants le prit avec sa trompe, le jeta sur son dos et le conduisit dans l'endroit où se trouvaient les habitations. Lorsque les gens de ce canton virent le cheïkh, ils furent surpris et allèrent à sa rencontre, afin de connaître son histoire. Quand il fut arrivé près d'eux, l'éléphant le prit avec sa trompe de dessus son dos et le déposa sur la terre, de manière que ces gens le virent. Ils s'approchèrent de lui, le palpèrent et le conduisirent à leur roi, à qui ils firent connaître son aventure. C'étaient des infidèles. Il séjourna près d'eux durant plusieurs jours. Cet endroit est situé auprès d'un fleuve appelé le fleuve de Khaïzoran (ou des bambous) (1). C'est en ce lieu que se trouvent les pêcheries de perles. On raconte

charogne. Le capitaine Ribeyro nous apprend un fait curieux, c'est que pendant le siége de Colombo par les Hollandais, en 1656, les Portugais renfermés dans la place mangèrent quatorze éléphants, sur quinze qu'ils avaient. *Histoire de l'Isle de Ceylan, traduite du Portugais* (par Legrand), Paris, 1701, p. 142.

(1) L'auteur se sert ici du mot *khor*, que le dictionnaire de Freytag traduit par *golfe formé par la mer, embouchure d'un fleuve*. Ibn Batoutah explique ce terme par le mot arabe *nehr*, qui signifie fleuve, rivière. Cf. al Birouni, *apud* Reinaud, *Fragments relatifs à l'Inde*, p. 119.

que le cheïkh plongea un jour en présence du roi des idolâtres, sortit de l'eau tenant ses mains jointes, et dit au roi : « Choisis le contenu d'une de mes mains. » Le roi choisit ce qui se trouvait dans sa main droite. Le cheïkh le lui jeta. C'étaient trois rubis sans pareils, qui sont encore en la possession des rois de ce pays et sont placés dans la couronne. Ces princes se transmettent ces joyaux par héritage.

Je suis entré dans cette île de Ceylan ; ses habitants persistent dans leur idolâtrie, sauf qu'ils vénèrent les *fakirs* musulmans (1), leur donnent l'hospitalité dans leurs maisons et leur servent de la nourriture, tandis qu'ils sont dans leurs demeures, au milieu de leurs enfants et de leurs femmes. Ils en usent ainsi, contrairement aux autres infidèles de l'Inde. Ceux-ci n'approchent pas des Musulmans, et ne leur servent point à manger ou à boire dans leurs vases, quoiqu'ils ne les vexent ni ne les tourmentent. Nous étions obligés de faire cuire pour nous de la viande par quelqu'un. Ils l'apportaient dans leurs marmites, et s'asseyaient à quelque distance de nous. Ils apportaient aussi des feuilles de bananier, sur lesquelles ils plaçaient le riz, qui forme

(1) Robert Knox nous apprend que le produit des sacrifices faits par les Ceylanais à l'empreinte du pied de Bouddha, appartient aux pèlerins maures (c'est-à-dire, mahométans), « qui viennent de l'autre côté (c'est-à-dire, du continent indien), pour demander l'aumône, cet avantage leur ayant été laissé par un roi. » *Relation ou Voyage de l'île de Ceylan*, traduit de l'anglais, Amsterdam, 1693, t. II, p 109. Le même voyageur rapporte que les Maures ou mahométans ont une mosquée dans la ville de Candy.

leur nourriture. Ils répandaient sur ce riz du *couchan* (1), qui sert d'assaisonnement, et s'en allaient. Nous mangions de cet aliment, et ce qui en restait était dévoré par les chiens et les oiseaux. Si un petit enfant, n'ayant point encore l'âge de raison, mangeait de ces restes, ils le battaient et lui faisaient avaler des excréments de vache, ce qui, selon leur croyance, purifie de cette souillure.

Parmi les mausolées de Chiraz, on remarque encore le mausolée du pieux cheïkh, Cothb-eddin. Rouz-Djihan (2) al-Cabali, un des principaux amis de Dieu (*evlia*). Son tombeau se trouve dans la mosquée *djami*, où l'on fait la *khotbah*. C'est dans cette mosquée que prie le cadhi Medjd-eddin, dont il a été fait mention plus haut. Dans la même mosquée, j'ai entendu expliquer par ce cheïkh le Mosned (3)

(1) Au lieu de ce mot, le ms. 908 porte *al-ounkchan*. Le mot kouchan se trouve dans un autre passage d'Ibn-Batoutah. « La nourriture des habitants de Makdachou (Magadoxo) consiste, dit ce voyageur, en riz cuit avec de la graisse et placé dans un grand plat de bois. Au-dessus de ce plat, on en met d'autres, remplis de kouchan, c'est-à-dire, d'un mets (litt. *companatico*) composé de poulets, de viande, de poisson et de fèves » Mss. 908, fol. 127 v. Le mot kouchan manque dans le dictionnaire de Freytag, qui donne seulement le mot *kowach* avec le sens de mets en usage dans le pays d'Oman et fait de riz et de poisson. On lit dans la relation du marchand Soleïman (p. 24 du texte arabe) : « La nourriture des Chinois consiste en riz. Quelquefois ils font cuire en même temps du *kouchan*, le versent sur le riz et mangent cet aliment. »

(2) Mss. 909, 910 : Rouzbéhan.

(3) Voy. sur ce livre la *Bibliothèque Orientale*, art. Schafeï.

de l'imam Abou-Abd-Allah-Mohammed, fils d'Idris, al-Chafeï. Il disait que ce livre lui avait été enseigné par Véziret, fille d'Omar, fils d'al-Mendja (1). J'ai entendu également dans cette mosquée expliquer par le cadhi Medjd-eddin les *Mécharik al Anvar*, etc., composés par l'imam Radhi-eddin Aboul-Fadhaïl Haçan, fils de Mohammed, fils d'Haçan Assaghani (2).

On remarque encore à Chiraz le mausolée du pieux cheïkh Zercoub, près duquel se trouve un ermitage où l'on donne à manger (aux pauvres et aux voyageurs). Tous ces monuments sont situés dans l'intérieur de la ville, ainsi que la plupart des tombeaux des habitants. Si le fils ou la femme d'un de ceux-ci vient à mourir, il lui élève un tombeau dans un des appartements de sa maison et l'y ensevelit. Il recouvre le plancher de l'appartement de nattes et de tapis, place de nombreuses bougies près de la tête du mort et de ses pieds, et adapte à la chambre une porte et une grille en fer du côté de la rue. C'est par là qu'entrent les lecteurs du Coran,

(1) Ibn Batoutah ajoute ici la liste des personnes par la filière desquelles l'ouvrage de Chafeï avait été transmis à al-Véziret, en remontant jusqu'à Chafeï lui-même. On peut consulter sur cette transmission orale des recueils de traditions, des traités de jurisprudence, etc., les remarques de M. de Slane, *Journal Asiatique*, N° de novembre 1844, p. 349, 350.

(2) Voy. sur cet auteur et sur son livre, la *Bibliothèque Orientale*, *verbis* Mascharek alhadith et Sagani. — Ibn Batoutah joint ici l'*isnad* (Voy. sur ce mot M. de Slane, *dicto loco*) de ce livre, en remontant jusqu'à l'auteur.

qui lisent ce livre avec des voix superbes. Il n'y a pas, dans toute la terre habitée, de gens qui aient de plus belles voix pour lire le Coran, que les habitants de Chiraz. Les gens de la maison mortuaire prennent soin du mausolée, le couvrent de tapis et y entretiennent des lampes allumées. Le mort n'est pas négligé : on m'a rapporté que ces gens-là font cuire chaque jour la portion du mort, et la distribuent comme une aumône à son intention.

Anecdote.

Je passai un jour dans un des marchés de Chiraz, et j'y vis une mosquée solidement construite et décorée de beaux tapis On y apercevait des Corans enfermés dans des enveloppes de soie et placés sur une estrade. Au côté septentrional de la mosquée était un ermitage, où se trouvait une jalousie qui s'ouvrait sur le marché. Un cheïkh, d'une belle figure et couvert de beaux vêtements, se tenait en cet endroit. Devant lui était un Coran, dans lequel il lisait. Je le saluai et m'assis à côté de lui. Il m'interrogea touchant mon arrivée. Je repondis à sa demande, et le questionnai au sujet de cette mosquée. Il m'apprit que c'était lui qui l'avait fondée, et qu'il lui avait assuré par un *vacf* (fondation pieuse) des propriétés considérables, pour servir à l'entretien de lecteurs du Coran et d'autres personnes. Quant à cet ermitage dans lequel j'étais assis près de lui, c'était le lieu destiné à sa sépulture, si Dieu le faisait mourir dans cette ville. Ensuite il souleva un tapis placé sous lui, et j'aperçus son tombeau qui était recouvert de planches. Il me fit voir une boîte qui se trouvait au côté opposé et me dit : « Dans cette boîte sont mon linceul, les aromates *destinés à parfumer mon corps*, ainsi que des dirhems (pièces d'argent) pour le prix desquels j'ai loué mes services à un homme pieux, afin de lui creuser un puits. Il m'a compté ces dirhems, et je les ai mis de côté, pour qu'ils servent aux frais de mon enterrement. Le surplus sera distribué en aumônes. » J'admirai cette conduite, et je voulus m'en retourner; mais il m'adjura de rester, et me traita dans cet endroit.

Parmi les mausolées situés hors de Chiraz, est le mausolée du cheïkh pieux, connu sous le nom de Sâdi. C'était le premier poëte de son temps en langue persane. Souvent il a décoré ses compositions en employant la langue arabe. De ce tombeau dépend un bel ermitage, que Sâdi a élevé en cet endroit. Dans l'intérieur de cet édifice est un grand jardin. L'ermitage est situé dans le voisinage de la source du grand fleuve connu sous le nom de Rocn-Abad (1). Le cheïkh avait construit en ce lieu de petits bassins de marbre pour laver les vêtements. Les

(1) Voy. ci-dessus, p. 34 et la note *ibidem*. D'après le *Khatimeh* ou *Appendix* du *Rouzet esséfa*, cité par sir W. Ouseley, *Travels in various countries of the East*, t. II, p. 7, note, le Rocn-Abad est un canal creusé par Rocn-eddaulah-Haçan, fils de Bouveïh. Mais ne peut-on pas conclure seulement de ce passage que Rocn-eddaulah ne fit qu'élargir et creuser plus profondément le lit de la rivière ?

citoyens de Chiraz sortent de la ville, afin de visiter ce mausolée; ils mangent des mets préparés dans l'ermitage et lavent leurs habits dans ce fleuve, puis ils s'en retournent. C'est ainsi que j'en usai près de cet endroit.

Dans le voisinage de cet ermitage en est un autre, auquel est contigu un médréceh. Tous deux sont construits sur le tombeau de Chems-eddin Assemnani, un des principaux *fakihs*. Il a été enseveli en cet endroit, d'après ses dernières volontés. Parmi les principaux *fakihs* de la ville de Chiraz, est le cherif Djemil-eddin (1), dont la libéralité est étonnante. Souvent il a donné en présent tout ce qu'il possédait, et jusqu'aux vêtements qu'il portait sur lui. Il revêtait alors un habit tout rapiécé. Les grands de la ville venaient le voir, le trouvaient en cet état et lui donnaient d'autres habits. La pension journalière qu'il reçoit du sultan se monte à cinquante dinars d'argent.

Nous sortîmes de Chiraz, afin de visiter le tombeau du cheïkh Abou-Ishac-al-Cazérouni, à Cazéroun. Cette ville est située à deux journées de marche de Chiraz. Nous campâmes le premier jour dans le pays des Chouls (2), tribu persane qui habite le désert et qui renferme des gens pieux.

(1) Ms. 908, Djeyid; ms. 910, Medjid.

(2) Ou, comme l'appellent les écrivains persans, Choulistan. C'est ce pays qui est nommé dans Marco-Polo Cielstan, ou, d'après Ramusio, Suolistan. *Voyages* de Marco-Polo, édition de la Société de Géographie, p. 29. Marsden a cru que le mot Suo-

Miracle opéré par un de ces Chouls.

Je me trouvais un jour dans une des mosquées de Chiraz, et je m'étais assis, afin de lire le Coran après la prière de midi. Il me vint à l'esprit que si j'avais un Coran, j'y ferais une lecture. Sur ces entrefaites, un jeune homme entra et me dit à haute voix : « Prends. » Je levai la tête de son côté. Il jeta dans mon giron un Coran et s'éloigna. Je lus le Coran d'un bout à l'autre dans cet exemplaire ; après

listan désignait le Seïstan. *Travels of Marco-Polo*, p. 78, note 161. Mais cette opinion me paraît inadmissible. D'abord la leçon Suolistan reproduit beaucoup plus approximativement le nom du Choulistan que celui du Seïstan. Ensuite la place assignée au Suolistan dans l'énumération des huit royaumes qui composaient la Perse, d'après Marco-Polo, convient beaucoup mieux au Choulistan qu'au Seïstan, puisque le Suolistan est indiqué entre le Lor (Louristan) et Istanit ou Spaan (Ispahan). En troisième lieu, Marco-Polo paraît n'avoir compris sous le nom de Persie ou Perse, que les pays qui reconnaissaient la domination du souverain mongol de l'Iran. Il a même mentionné séparément le Kerman qui, de son temps, avait encore un prince particulier sous la suprématie de l'Ilkhan Mongol. Or le Seïstan, pendant la seconde moitié du XIIIe siècle, appartint tantôt aux princes Curts d'Hérat, tantôt à des princes de la branche de Djaghataï. (Voy. d'Ohsson, *Histoire des Mongols*, t. III, p. 130, 441, 516; t. IV, p. 268.) — Depuis que cette note est composée, j'ai eu l'occasion de reconnaître que l'identité du Suolistan et du Choulistan avait déjà été signalée par M. Quatremère (*Notices des Manuscrits*, t. XIII, p. 333, note). Mais comme ce savant n'a allégué d'autre preuve à l'appui de son opinion, que l'éloignement du Seïstan, par rapport aux autres provinces de la Perse proprement dite, j'ai cru que je pouvais laisser subsister mes observations.

quoi, j'attendis cet homme, afin de lui rendre son livre. Il ne revint pas. Je fis des questions touchant cet individu, et on me dit : « C'est Behboul, le Choul. » Depuis lors je ne l'ai plus revu.

Nous arrivâmes à Cazéroun le soir du second jour, et nous nous dirigeâmes vers l'ermitage du cheïkh Abou Ishac. Nous y passâmes la nuit. Les gardiens de ce monument ont coutume de servir aux voyageurs, quels qu'ils soient, du *hériseh* (1), fait avec de la viande, du blé et de la graisse. On le mange avec du gâteau. Ils ne laissent pas partir tout individu qui arrive dans leur résidence, avant qu'il soit resté leur hôte pendant trois jours, et qu'il ait fait connaître ses besoins au cheïkh qui réside dans l'ermitage. Le cheïkh les répète aux *fakirs* attachés à l'ermitage. Ceux-ci sont au nombre de plus de cent, parmi lesquels il y a des hommes mariés et des célibataires, qui demeurent tout nus. Ces individus lisent le Coran d'un bout à l'autre, récitent des prières, et font des vœux en faveur de l'étranger, auprès du sépulcre du cheïkh Abou-Ishac. Les besoins du voyageur sont satisfaits par la permission de Dieu.

Le cheïkh Abou-Ishac est vénéré des habitants de l'Inde et de la Chine. Les marins qui naviguent sur la mer de la Chine ont coutume, lorsque le vent vient à changer, ou qu'ils craignent les voleurs, de faire un vœu à Abou-Ishac. Chacun d'eux s'oblige,

(1) On peut consulter sur ce mot une intéressante note de S. de Sacy, *Relation de l'Égypte*, par Abd-Allatif, p. 307, 308.

par écrit, à acquitter le montant de son vœu. Lorsqu'ils sont arrivés en lieu de sûreté, le *khadim* de l'ermitage monte dans le vaisseau, se fait remettre la liste *des objets promis en offrande* (1), et reçoit de chacun la somme ou l'objet qu'il a voué au saint. Il n'y a pas de vaisseau qui arrive de la Chine ou de l'Inde, sans qu'il s'y trouve des milliers de dinars. Des *vékil* (fondés de pouvoir) se présentent de la part du *khadim* de l'ermitage, et reçoivent cette somme. Parmi les *fakirs*, il y en a qui viennent implorer l'aumône du cheïkh. On écrit, pour le solliciteur, un ordre de payer pareille somme. Cet ordre est muni de l'*Ilamah* (2) du cheïkh gravé sur un cachet d'argent (3). On enduit le cachet de couleur rouge, et on l'applique sur le billet. La trace du sceau demeure sur cette cédule. Voici quelle en est la teneur : « Que celui qui a fait un vœu au cheïkh Abou-Ishac donne, sur le montant de ce vœu, telle somme à tel individu. » L'ordre est pour mille (pièces d'argent) ou pour cent, ou pour une somme entre les deux premières, ou pour une

(1) C'est ainsi que j'ai cru devoir paraphraser le seul mot *zimam*, pluriel *azimmet*. Ce mot a été expliqué dans une des plus savantes notes de l'*Historia Abbadidarum*, de M. R. Dozy (t. I, p. 74-76; Cf. *ibidem*, p. 427, 428), note dans laquelle le docte auteur n'a eu garde d'oublier ce passage d'Ibn-Batoutah.

(2) Ce mot, qui veut dire proprement signe, indice, sert à exprimer ici une sorte de paraphe. Ce sens manque au dictionnaire arabe de Freytag; mais il a été signalé par M. Reinaud, dans son savant et curieux ouvrage sur les *monuments arabes, persans et turcs du cabinet Blacas*, t. I, p. 110, note 3.

(3) Littéralement un moule (*calib*).

somme inférieure, d'après le nombre des fakirs. Lorsque le *fakir muni d'un pareil billet* rencontre un individu qui s'est engagé par un vœu envers le cheïkh, il reçoit le montant de ce vœu et il écrit sur le dos de l'ordre, pour la décharge de cet homme, une apostille énonçant la somme qu'il a reçue. Le roi de l'Inde s'engagea un jour, par un vœu, à payer au cheïkh Abou-Ishac la somme de dix mille dinars. La nouvelle de ce vœu étant parvenue aux fakirs de l'ermitage, l'un d'eux se rendit dans l'Inde, reçut la somme et s'en retourna avec elle dans l'ermitage.

Nous partîmes de Cazéroun pour la ville de Zeïdeïn (les deux Zeïd), appelée ainsi parce que les tombeaux de deux compagnons de Mahomet, Zeïd, fils de Thabit et Zeïd, fils d'Arcam, al-Ançari, se trouvent en cet endroit. C'est une belle ville, bien pourvue de vergers et d'eau. Elle possède de superbes marchés et des mosquées magnifiques. Ses habitants sont pleins de piété et de bonne foi. Un d'entre eux était le cadhi Nour-eddin az-Zeïdani. Il se rendit dans l'Inde, et fut investi de la dignité de cadhi, dans la ville de Mahl, qui fait partie de cette contrée. Mahl est le nom d'un grand nombre d'îles (1), dont le roi est Djélal-eddin, fils de Sélah-Eddin-Salih. Le cadhi épousa la sœur de ce roi. Quant à

(1) Ce sont les Maldives, appelées ailleurs par Ibn-Batoutah, Dzibet ou Dhibet al-Mahal. (Voy. Kosegarten, *Commentatio*, p. 40; Silv. de Sacy, *Journal des Savants*, 1820, p. 18; M. Reinaud, *Relation des voyages faits par les Arabes et les Persans dans l'Inde et à la Chine*, etc., t. I, p. LVI-LIX.

ce dernier, son histoire sera rapportée ci-après, ainsi que celle de sa fille (1) Khadidjah (2), qui hérita de la royauté de ces îles après lui. Le cadhi Nour-Eddin mourut à Mahl.

Nous partîmes de Zeïdeïn pour Havizah, petite ville habitée par des Persans. Entre elle et Basrah, il y a la distance de quatre jours de marche. Il faut un jour de plus pour aller d'Havizah à Coufah. Au nombre des natifs d'Havizah, se trouve le cheïkh pieux et devot, Djémal-Eddin-al-Havizaiy, cheïkh du monastère de Saïd-essoada, au Caire. Nous marchâmes d'Haviza vers Coufah, par un désert où il ne se trouvait pas d'eau, excepté dans un seul endroit, qui est appelé At-Tarfa, et que nous atteignîmes le troisième jour. Le second jour après notre départ de ce lieu, nous arrivâmes à la ville de Coufah.

—

Je laisse ici Ibn-Batoutah, qui visita, après Coufah, les principales villes de l'Irac-Arabi et de la Mésopotamie. A l'article de Bagdad il s'exprime ainsi : « Mon arrivée à Bagdad concourut avec l'époque du séjour du roi de l'Irac dans cette ville. C'est pourquoi je raconterai ici l'histoire de ce prince. » Il donne quelques détails curieux sur l'état de sujétion où Dimachk-Khodjah, fils de l'émir Tchoban, tenait le sultan, sur l'insolence de ce favori et sur sa fin tragique. Le récit d'Ibn Batoutah (3) mérite d'être comparé avec celui que le savant M. d'Ohsson a tracé

(1) Au lieu de sa fille, le ms. 908 porte sa sœur.

(2) Cf. sur ce fait les observations de Silv. de Sacy, *loco laud.*, p. 20.

(3) Ms. 908, fol. 109, r. et v.

des mêmes événements, d'après les historiens persans, et qui présente des différences notables (1). Notre voyageur raconte ensuite la fuite et la mort de l'émir (Tchoban) et de son fils Démirtach (Timourtach), le mariage d'Abou-Saïd avec Bagdad-Khatoun, fille de Tchoban, et la mort du sultan. Le paragraphe suivant est intitulé : Histoire de ceux qui s'emparèrent de la royauté après la mort du sultan Abou-Saïd. Après cette digression historique, dont la traduction serait déplacée dans ce recueil, mais que je me propose de reproduire ailleurs, Ibn-Batoutah reprend ainsi le récit de ses courses :

Je sortis de Bagdad, avec le quartier du sultan Abou-Saïd. Mon but *dans cette excursion* était d'observer l'ordre suivi par le roi de l'Irac dans ses marches et ses campements, et sa manière de voyager. La coutume des Mongols consiste à se mettre en marche dès le point du jour, et à camper lorsque le soleil a acquis tout son éclat. Voici l'ordre qu'ils observent : chaque émir arrive, avec ses soldats, ses timbales et ses étendards. Il s'arrête dans un endroit qu'il ne dépasse pas, et qui lui a été assigné d'avance, soit à l'aile droite, soit à l'aile gauche. Lorsque tous sont arrivés et que leurs rangs sont au grand complet, le roi monte à cheval. Les timbales et les trompettes destinées à annoncer l'heure du départ retentissent; chaque émir s'avance, salue le roi et retourne à son poste. Puis les chambellans et les *nakibs* (principaux chefs) se présentent devant le roi. Ils sont suivis des musiciens, au nombre d'environ cent, vêtus de beaux habits et montés sur des chevaux appartenant au sultan. Devant les musiciens sont dix cava-

(1) *Histoire des Mongols*, La Haye, 1835, t. IV, p. 670-672.

liers, portant des timbales, et cinq cavaliers, près desquels se trouvent des sornaï (1) ou cornemuses (c'est l'instrument qui est appelé chez nous *al-ghaïthet*). Ils frappent ces timbales et jouent de ces cornemuses. Puis ils se taisent et dix des musiciens chantent leur partie. Lorsqu'ils l'ont terminée, les timbales et les cornemuses se font entendre de nouveau, puis elles se taisent et dix autres musiciens chantent leur partie, et ainsi de suite, jusqu'à ce que les dix actes soient terminés. C'est alors que l'armée achève de camper.

Pendant le temps de la marche, les principaux émirs, au nombre d'environ cinquante, se tiennent à la droite et à la gauche du sultan. Les porte-drapeaux, les timbaliers et les trompettes suivent ce prince; puis viennent les esclaves du sultan, puis les émirs, chacun d'après son rang. Chaque émir

(1) Ce mot, qui se rencontre trois fois dans cette ligne et dans les deux suivantes, est écrit avec de nombreuses variantes dans nos quatre exemplaires (N° 910). Mais le plus correct de tous porte invariablement al-sornaïat, et la même leçon se retrouve deux fois dans le ms. 908. Ce même ms. et les deux autres donnent les variantes sorianat, sorakiat, soraniat, sorkiat, sorniat. Toutes ces leçons offrent comme lettre initiale la lettre *sad*, qui remplace ici le *sin*. En effet, le mot *sornaï* n'est autre que le persan *sorna* ou *sornaï* qui signifie hautbois, clairon. Le mot arabe *ghaïthet*, qu'Ibn-Batoutah donne comme la traduction de Sornaï, manque dans nos dictionnaires; mais M. Dozy m'apprend qu'il désigne la cornemuse. C'est pourquoi j'ai rendu sornaï par cornemuse. Le mot sornaïat se rencontre encore trois fois au commencement de la 2e partie de la relation d'Ibn-Batoutah, et le ms. autographe (N° 907, fol. 4 r.) porte distinctement *al-Sornaïat*.

possède des étendards, des timbales et des trompettes. L'émir-djond (ou émir de la milice) est chargé de faire observer toutes ces dispositions; il a sous ses ordres un nombreux détachement. Le châtiment de celui qui reste en arrière de son corps, consiste à lui ôter sa botte (1), à la remplir de sable et à la suspendre au cou du délinquant. Celui-ci marche à pied, jusqu'à ce qu'il arrive au lieu de la station. Alors on l'amène à l'émir; on le jette le ventre contre terre, et on le frappe de vingt-cinq coups de fouet sur le dos, soit qu'il jouisse d'un rang élevé ou qu'il occupe une position infime; car on ne dispense personne d'obéir à cette loi.

Lorsque les troupes arrivent au lieu du campement, le sultan et ses mamlouks se logent dans un quartier séparé. Chacune des *khatoun* (épouses) du sultan loge aussi à part. Chacune a son *imam* et son *mouezzin*, ses lecteurs du Coran et un marché spécial, pour l'approvisionnement de son quartier. Les vizirs, les *catibs* et les gens en place campent séparément. Chaque émir campe aussi de son côté. Ils se rendent tous ensemble à l'audience du sultan, après l'*asr* (l'après-midi), et en reviennent après la

(1) Ce mot est écrit ainsi : Tomak, dans deux de nos exemplaires et la même leçon est ajoutée en marge d'un troisième. Le ms. de M. de Gayangos offre la même orthographe. Celui du Père Moura portait Temakad, mot dont le savant religieux a avoué ignorer la signification. C'est à M. Dozy que je dois l'intelligence du terme Tomak. D'après ce savant, le mot Tomak serait le même que le turc Thoumak, une botte.

dernière prière du soir. On porte devant eux des lanternes.

Lorsque le départ a lieu, on bat la grande timbale, puis la timbale de la grande khatoun, qui occupe le rang de reine, puis les timbales des autres khatoun, puis la timbale du vizir, et enfin les timbales des émirs toutes ensemble. Ensuite l'émir commandant l'avant-garde monte à cheval, avec son corps; il est suivi des khatoun. Après elles viennent les bagages du sultan et son cortége et les bagages des khatouns. A leur suite marche un autre émir, avec son détachement, pour empêcher les hommes de pénétrer entre les bagages et les khatoun.

Je voyageai avec ce camp durant dix jours, puis j'accompagnai l'émir Ala-Eddin Mohammed à la ville de Tebriz. Ce personnage était au nombre des principaux émirs. Nous arrivâmes à Tébriz après une marche de dix jours, et nous logeâmes en dehors de cette ville, dans un lieu nommé Cham (1),

(1) Hamd-Allah Mustaufi (apud Ouseley, *Travels in various countries of the East*, t. III, p. 414, note) dit qu'une des six portes du mur d'enceinte de Tebriz construit par Gazan, portait le nom de Cham. Le tombeau du sultan Gazan est mentionné par Gemelli Careri. Ce voyageur trop décrié nous apprend que la tour de Scham Casan « est bâtie de briques, a de tour deux cents de nos pas et quarante de diamètre..... Au fond il y a une grille qui couvre, à ce que disent les Persans, le tombeau de celui qui l'a fait bâtir. » *Voyage du tour du monde*, 1727, t. II, p. 35. Chardin mentionne aussi le tombeau de Gazan: « Son sépulcre se voit encore à présent en une grande tour ruinée, que l'on appelle de son nom, Monar-can-Kazan. » *Voyages*, t. II, p. 317. M. Morier nous apprend que « au village de Chah Gazan,

et où se trouve le tombeau de Cazan (Gazan), roi de l'Irac. Auprès de ce tombeau s'élève un beau médréceh et un ermitage où les voyageurs trouvent de la nourriture, consistant en pain, en viande, en riz accommodé avec de la graisse et en sucreries. L'émir me logea dans cet ermitage, situé entre des fleuves qui répandent au loin leurs eaux et au milieu d'arbres verdoyants.

Le lendemain j'entrai dans la ville par une porte connue sous le nom de porte de Bagdad. Nous arrivâmes à un grand marché nommé marché de Cazan, et qui est un des plus beaux que j'aie vus dans l'univers. Chaque métier y occupe une place séparée. Je traversai le marché des joailliers. Mon œil fut ébloui (littéralement étonné) par toutes les espèces

à deux mille des murs de Tébriz, est un mont de briques élevé, reste de quelque édifice très-considérable, mais d'une époque mahométane; » *Second journey*, p. 232. Il me paraît certain que c'est du tombeau de Gazan que Tavernier a parlé sous le nom altéré de Kanbazun. *Les six Voyages*, etc., Rouen, 1713, t. I, p. 75, 76. Cf. *Les beautés de la Perse*, par Daulier des Landes, p. 13. J'ai cru d'autant plus utile de réunir ces détails sur le tombeau de Gazan, qu'ils ont entièrement échappé à l'attention du savant M. Quatremère, qui a parlé de ce monument sous le nom de Chenbi Gazan, d'après un géographe persan (*Notice sur le Matlaa Assaadeïn*, p. 31, 32, note.) Le savant M. C. d'Ohsson a donné des renseignements intéressants sur la construction du sépulcre de Gazan (*Hist. des Mongols*, *t.* IV, p. 272 et suiv.). Mais il me paraît s'être trompé, lorsqu'il dit que l'endroit où fut bâti cet édifice se nommait *Chenb*. En effet, le mot *Chenb* signifie un édifice surmonté d'une coupole, et ce nom ne fut donné au faubourg de *Cham* qu'après la construction du Mausolée de Gazan. Cf. le *Nozhet-el-Coloub*, ms. pers. 127, f. 377 r. et d'Ohsson, *Op. suprà laud.*, p. 350.

de pierres précieuses que je vis. Elles étaient entre les mains de beaux esclaves, revêtus de superbes habits et portant des ceintures de soie. Ils se tenaient debout devant les marchands, leurs patrons, et offraient les joyaux aux femmes des Turcs, qui en achetaient un grand nombre, et cherchaient à se surpasser l'une l'autre dans cette dépense. Je vis, à cause de tout cela, un tumulte considérable (puisse Dieu nous préserver du pareil !).

Nous entrâmes ensuite dans le marché de l'ambre et du musc, et nous vîmes la même chose que tout à l'heure, ou plus encore. Puis nous arrivâmes à la mosquée Djami, fondée par le vizir Ali-Chah, connu par le nom de Djilan (1). En dehors de cette mosquée, à droite et regardant la *Kiblah*, est un médréceh, et à la gauche se trouve un ermitage. La cour de cette mosquée est pavée de marbre, et ses murs sont revêtus de cachani (carreaux de faïence colorés) (2), qui ressemble au *zélidj* (3). Une rivière la traverse. Il s'y trouve plusieurs espèces d'arbres,

(1) D'après Hamd-Allah Mustaufi (*apud* Ouseley, t. III, p. 415), la mosquée Djami d'Ali-chah était bâtie en dehors du *mahalleh* ou quartier appelé Chamian (le ms. 127, fol. 377 r. et le ms. du fond Schulz portent Marmian). Ce géographe ajoute qu'ayant été construite à la hâte, elle ne tarda pas à s'écrouler. Chardin (*dicto loco*) nous apprend que la mosquée d'Ali-chah « est presque toute détruite. » Cf. Morier, *Voyage en Perse, en Arménie*, etc., t. II, p 42.

(2) Voyez sur ce mot une note précédente, t. XIII, p. 28. Au lieu de Cachani, les mss. 909 et 911 portent Cachiani.

(3) L'*Azuledjo* des Espagnols. Cf. M. Reinaud, *Notice sur deux ouvrages relatifs à l'architecture des Arabes et des Maures*, p. 13.

des vignes de l'espèce appelée *dévali* et des jasmins. On a coutume de lire chaque jour, dans la cour de cette mosquée, la sourate Ia-sin, la sourate de la victoire et la sourate Aïn-Mim, après la prière de l'Asr.

Nous passâmes la nuit à Tébriz. Le lendemain matin, l'émir Ala-Eddin reçut du sultan Abou-Saïd l'ordre d'aller le rejoindre. Je partis avec l'émir, et je ne vis à Tébriz aucun des *oulemas*. Nous voyageâmes jusqu'à ce que nous atteignîmes le quartier du sultan. L'émir lui apprit ma présence dans le camp, et m'introduisit auprès de lui. Le sultan m'interrogea touchant mon pays, et me fit don d'un vêtement et d'un cheval. L'émir lui fit savoir que je voulais faire un voyage dans le Hédjaz. Le sultan m'assigna des provisions et des montures pour la route *que je devais faire* avec le *mâhmil* (1). Il écrivit dans ce sens en ma faveur à l'émir de Bagdad, Khodjah-Marouf. Je retournai à Bagdad, *où* je reçus tout ce que le sultan m'avait assigné. Comme il restait plus de deux mois jusqu'au temps du départ de la caravane, je jugeai à propos de faire une excursion à Mouçoul et dans le Diarbecr, afin de voir ce pays et de retourner à Bagdad pour l'époque du voyage de la caravane.

Nous laisserons Ibn-Batoutah visiter la Mésopotamie ou Djezireh, la Mecque, Zebid, Tiazz, Sanaa, Aden,

(1) Voyez Mouradgea d'Ohsson *Tableau général de l'empire othoman*, édition in-8o, t. III, p. 263, 267.

Makdachou (Magadoxo), Mombasa, Zafar, Calhat et Oman. Nous reprenons son récit au moment où il quitte l'Oman pour se rendre à Hormouz.

Je partis de l'Oman pour le pays d'Hormouz. C'est un pays situé sur le rivage de la mer, et que l'on appelle aussi Moughostan. La nouvelle ville d'Hormouz s'élève en face de la première, au milieu de la mer. Elle forme une île dont la capitale se nomme Djéroun. C'est une cité grande et belle, qui possède des marchés bien approvisionnés. Elle sert d'entrepôt à l'Inde et au Sind. Les marchandises de l'Inde sont transportées de cette ville dans les deux Irac, le Fars et le Khoraçan. C'est dans cette place que réside le sultan. L'île où se trouve la ville a de longueur un jour de marche. La plus grande partie se compose d'une terre salsugineuse. Les montagnes consistent en sel de l'espèce appelée *darani* (1). On fabrique avec ce sel des vases destinés à servir d'ornement, et des colonnes sur lesquelles on place les lampes. La nourriture des habitants consiste en

(1) Ce fait est attesté par plusieurs voyageurs. Qu'il suffise de citer ici le témoignage d'un marin anglais, à qui nous devons une excellente description des îles et de la côte situées à l'entrée du golfe Persique. « Les collines, dit le lieutenant Whitelock, sont couvertes jusqu'à une distance considérable de leur base, d'une croûte de sel qui, en quelques endroits, a la transparence de la glace. » *Transactions of the Bombay Geographical Society*, t. I, p. 114. Cf. Edward Ives, *A Voyage from England to India*, p. 197, note. Cf. *ibidem*, p. 205; Macdonald Kinneir, *Geographical Memoir of the Persian Empire*, p. 13; J. B. Fraser, *Narrative of a Journey into Khorasan*, p. 50.

poissons et en dattes, qui leur sont apportées de Basrah et d'Oman (1). Ils disent dans leur langue : *Khorma vê mahi louti padichahi*, c'est-à-dire en arabe : « La datte et le poisson sont le manger des rois. » L'eau a une grande valeur dans cette île. Il y a des fontaines et des réservoirs artificiels où l'eau de pluie est recueillie. Ces citernes sont à une certaine distance de la ville. Les habitants s'y rendent avec de grandes outres, qu'ils remplissent et qu'ils portent sur leur dos jusqu'à la mer. Alors ils les chargent sur des barques et les apportent à la ville. J'ai vu, en fait de choses merveilleuses, près de la porte de la *djami*, entre celle-ci et le marché, une tête de poisson aussi élevée qu'une colline, et dont les yeux étaient aussi larges que des portes. Un grand nombre d'hommes entraient dans cette tête par un des yeux et sortaient par l'autre.

Je rencontrai à Hormouz le cheikh pieux, l'anachorète Aboul-Haçan al-Aksarani, originaire du pays de Roum (l'Asie-Mineure). Il me traita, me visita et me fit présent de vêtements. Il me donna la ceinture de la société (*Kemer assohbet*), qui lui servait à se serrer le dos et les jambes, lorsqu'il s'asseyait et qu'il ne pouvait s'appuyer contre un mur. Elle aide celui qui est assis et lui sert, pour ainsi dire, de support. La plupart des fakirs persans portent cette ceinture.

(1) Le même détail se trouve dans Marco-Polo; « .... Ils menuent dattes et peison salée : ce sont toins, etc. » *Voyages*, édition de la Société de Géographie, p. 35.

A six milles de cette ville est un lieu de pèlerinage, dont on attribue la sainteté à Khidhr et à Elias (1). On dit que c'est là qu'ils faisaient leurs prières. Des bénédictions et des preuves évidentes (c'est-à-dire des miracles) attestent la sainteté de cet endroit. Il y a là un ermitage habité par un cheikh, qui y reçoit les voyageurs. Nous passâmes un jour près de lui, et nous partîmes de là, afin de visiter un homme pieux retiré à l'extrémité de cette île. Il a creusé une grotte pour lui servir d'habitation. Dans cette grotte il y a un ermitage, une salle de reception et un petit appartement. Une jeune esclave, qui appartient au saint personnage, habite cet appartement. L'ermite a des esclaves, qui demeurent hors de la maison, et font paître ses bœufs et ses moutons. Cet homme était *jadis* au nombre des principaux marchands. Il fit le pèlerinage du temple de la Mecque, renonça à tous les attachements du monde, et se retira ici pour se livrer à la dévotion. *Auparavant* il remit son argent à un de ses confrères, afin qu'il le lui fît valoir dans le commerce. Nous passâmes une nuit près de cet homme; il nous fit un accueil très-hospitalier. Les signes distinctifs de la bonté et de la piété étaient reconnaissables sur sa personne.

(1) Voy. sur ces deux personnages, les *Monuments arabes, persans et turcs du cabinet Blacas*, par M. Reinaud, t. I, p. 169-172. Ibn-Batoutah fait encore mention, dans plusieurs endroits, d'édifices attribués à Khidhr et à Elias. Voy. surtout le ms 910, fol. 64 v.

Histoire du sultan d'Hormouz.

C'est le sultan Cotb-Eddin Temtéhen (1), fils de Touran-chah. Il est au nombre des sultans généreux; son caractère est humble, ses qualités sont louables. Il a coutume de visiter les *fahihs*, les hommes pieux ou les *chérifs*, qui arrivent dans sa capitale, et de leur rendre les honneurs qui leur sont dus. Lorsque nous entrâmes dans son île, nous le trouvâmes se préparant à la guerre, dans laquelle il était engagé contre les deux fils de son frère, Nizam-Eddin. Toutes les nuits il se mettait en marche pour combattre. La disette régnait dans l'île. Son vizir Chems-Eddin Mohammed, fils d'Ali, et son cadhi Imad-Eddin al Chéouancari (le Chébancareh), et plusieurs hommes distingués vinrent nous trouver et s'excusèrent des occupations que leur donnait la guerre. Nous passâmes seize jours auprès d'eux. Lorsque nous voulûmes nous en retourner, je dis à un de mes compagnons : « Comment partirons-nous sans avoir vu ce sultan? » Nous allâmes à la maison du vizir, qui se trouvait dans le voisinage

(1) Au lieu de cette leçon, deux mss. portent Temahten. M. Lee a lu Tamahtas ou Tamahtar. Les détails donnés par Ibn-Batoutah prouvent que Deguignes a eu tort de lire émir Schehab-Eddin, au lieu de Mir Xa Kotbadin (Mir Chah Cotb-Eddin), qu'on trouve dans la *Breve Relacion del principio del reyno Harmuz*, par Teixeira. Seulement, au lieu de donner pour père à ce Cobt-Eddin un nommé Touranchah, Teixeira le fait fils de Gordonxa (Gurdan-ohah). Voyez *Persia, seu regni persici Status*, p. 95.

de l'ermitage où j'étais descendu, et je lui dis : « Je désire saluer le roi. » Il répondit : *Bism'illahi* (au nom de Dieu), me prit par la main et me conduisit au palais du roi. Cet édifice est situé sur le rivage de la mer, et des vignes sont plantées tout auprès. J'aperçus tout à coup un vieillard couvert de vêtements étroits et malpropres. Sur sa tête il portait un turban, et il était ceint d'un mouchoir. Le vizir le salua, et je fis de même ; mais j'ignorais que c'était le roi. Il avait à ses côtés le fils de sa sœur, Ali-Chah, fils de Djélal-Eddin al Kidji, avec lequel j'étais en relations. Je commençai à converser avec lui. Le vizir me fit connaître qui était le roi. Je fus honteux vis-à-vis du roi, parce que j'avais osé causer avec son neveu, au lieu de m'entretenir avec lui. Je m'excusai auprès de lui. Il se leva et entra dans son palais, suivi par les émirs, les vizirs et les grands du royaume. J'entrai aussi, en compagnie du vizir. Nous trouvâmes le roi assis sur le trône, et portant absolument les mêmes habits que tout à l'heure. Dans sa main était un chapelet de perles, dont personne n'a vu les pareilles ; car les pêcheries de perles se trouvent soumises à l'autorité de ce prince. Un des émirs s'assit à son côté ; et je m'assis à côté de cet émir.

Le sultan m'interrogea touchant mon état, le temps de mon arrivée et les rois que j'avais vus *dans le cours de mes voyages*. Je l'informai de ces diverses circonstances. On apporta des mets ; les assistants en mangèrent, mais le prince ne mangea pas avec eux. Après le repas, il se leva; je lui fis mes adieux et m'en retournai.

Voici le motif de la guerre qui existait entre le sultan et ses deux neveux. Le premier s'embarqua un jour sur mer, à la ville neuve, afin de se rendre en partie de plaisir au vieil Hormouz et à ses jardins. La distance qui sépare ces deux villes, par mer, est de trois parasanges, ainsi que nous l'avons dit plus haut. Le frère du sultan, Nizam-Eddin, se révolta contre lui, et fit la prière en son nom. Les habitants de l'île lui prêtèrent serment, ainsi que les troupes. Cotb-Eddin conçut des craintes pour sa sûreté, et s'embarqua pour la ville de Calhat (1), dont il a été parlé ci-dessus, et qui fait partie de ses États. Il y séjourna plusieurs mois, équipa des vaisseaux et fit voile vers l'île. Les habitants de celle-ci le combattirent, de concert avec son frère, et le forcèrent à s'enfuir à Calhat. Il renouvela la même tentative, à plusieurs reprises; il n'eut aucun succès, jusqu'à ce qu'il envoya *un émissaire* à une des femmes de son frère, et la détermina à l'empoisonner. L'usurpateur étant mort, le sultan marcha de nouveau vers l'île et y fit son entrée. Ses deux neveux s'enfuirent, avec leurs trésors et avec les troupes, dans l'île de Keïs, où se trouve la pêcherie

(1) Ce détail vient à l'appui de ce que nous apprend Marco-Polo: « Il (les habitants de Calatu ou Calhat) sunt sous Cormos e toutes les foies qe le melic de Cormose a ghere con autre plus poisant de lui, il s'en vient à ceste cité, porceqe mout est fort et en fort leu siqe il ne doute puis de null. » *Edition de la Société de Géographie*, p. 245.

des perles. De cet endroit ils se mirent à intercepter le chemin à ceux des habitants de l'Inde et du Sind qui se dirigeaient vers l'île, et à faire des incursions sur les contrées du littoral ; de sorte que la plupart furent dévastées.

Nous partîmes de la ville de Djéroun, pour visiter un pieux personnage dans le pays de Khondjobal. Lorsque nous eûmes franchi le détroit, nous louâmes des montures aux Turcomans, qui sont les habitants de ce pays. On n'y voyage pas, si ce n'est avec eux, à cause de leur bravoure et de la connaissance qu'ils possèdent des chemins. On trouve en ces lieux un désert, d'une étendue de quatre jours de marche, où les voleurs arabes exercent leurs brigandages, et où le vent appelé *sémoum* souffle durant les mois de tamouz et de haziran (juin et juillet). Ce vent fait mourir tous ceux qu'il rencontre dans le désert. On m'a raconté que quand il a tué quelqu'un, et que les compagnons du mort veulent laver son corps, chacun de ses membres se détache des autres.

Dans ce désert se trouvent de nombreux tombeaux, renfermant ceux qui ont été tués par ce vent. Nous voyagions durant la nuit. Lorsque le soleil était levé, nous nous mettions à l'ombre sous l'arbre *omm ghaïlan*. Nous marchions depuis l'*asr* (après-midi), jusqu'au lever du soleil. Dans ce désert et dans la contrée qui l'avoisine, habitait le voleur Djémal-al-Lok, qui jouit en ces lieux d'une grande réputation.

Anecdote.

Djémal-al-Lok était un habitant du Sedjistan, d'origine persane. Al-Lok signifie qui a la main coupée. Or la main de cet homme avait été coupée dans un combat; il commandait un corps considérable de cavaliers arabes et persans, avec l'aide desquels il interceptait les chemins. Il fondait des ermitages et fournissait à manger aux voyageurs, avec l'argent qu'il volait. On rapporte qu'il prétendait ne pas employer la violence, excepté contre ceux qui ne donnaient pas la dîme de leurs biens. Il persévéra longtemps dans cette conduite; lui et ses cavaliers faisaient des incursions et traversaient des déserts que personne autre qu'eux ne connaissait. Ils y enterraient des outres pleines d'eau. Lorsque l'armée du sultan les poursuivait, ils entraient dans ce désert et déterraient ces outres. L'armée renonçait à les poursuivre, de peur de périr. Djémal persévéra dans cette conduite pendant un certain temps; ni le roi de l'Irac ni aucun autre prince ne purent le vaincre. Puis il fit pénitence et se livra à des exercices de dévotion jusqu'à sa mort. Son tombeau, qui se trouve dans cette contrée, est visité comme un lieu de pèlerinage.

Nous traversâmes ce désert jusqu'à ce que nous arrivâmes à Cawrestan (1), petite ville où l'on voit

(1) On voit encore une ville du nom de Corestan sur la carte de Kinneir, entre Gombroun et Lar. Cf. Chardin, t. IX, p. 225; Tavernier, t. II, p. 427, 428; Thevenot, *Voyage au Levant*, Amsterdam, 1727, t. IV, p. 471; Adrien Dupré, *Voyage en*

des rivières et des jardins, et dont l'air est très-chaud. Nous marchâmes durant trois jours dans un désert semblable au premier, et nous arrivâmes à Lar, grande ville pourvue de sources, de rivières considérables et de jardins. Elle possède de beaux marchés. Nous logeâmes dans l'ermitage du pieux cheikh Abou-Dolaf-Mohammed, celui-là même que nous avions le projet de visiter à Khondjobal. Dans cet ermitage se trouvait son fils Abou-Zeïd-Abd-Er-rahman, ainsi qu'une troupe de Fakirs. Une de leurs coutumes consiste à se réunir chaque jour dans l'ermitage, après la prière de l'*asr ;* puis ils font le tour des maisons de la ville ; on leur donne dans chaque maison un pain ou deux. C'est là-dessus qu'ils nourrissent les voyageurs. Les habitants des maisons sont accoutumés à cette offrande ; ils la regardent comme faisant partie de leurs aliments, et la préparent pour ces fakirs, afin de les aider à nourrir *les voyageurs*. Les pauvres et les dévots de la ville se rassemblent dans cet ermitage, et chacun

Perse, t. I, p. 424. Je crois qu'il faut lire Corestan, au lieu de Kerzestan, dans un extrait d'un historien arabe, publié et traduit par M. Quatremère, *Mémoire géog. et hist. sur l'Égypte*, t. II, p. 284 ; *Hist. des sultans Mamlouks de l'Égypte*, t. II, p. 176. Dans ce même passage, est indiquée une ville dont le nom peut se lire de cinq ou six manières différentes, à cause de l'absence de points diacritiques sur les deux premières lettres : aussi M. Quatremère a-t-il cru devoir le laisser en blanc dans sa traduction. Il n'est cependant pas difficile de reconnaître dans ce nom la ville de Djenabeh, mentionnée plusieurs fois par Edrici et placée, sous le nom de Gunow, sur la carte de Macdonald Kinneir. C'est le même endroit que Niebuhr appelle le village de Knaue (*Description de l'Arabie*, édit. de 1774, p. 276).

d'eux apporte autant de dirhems qu'il a pu s'en procurer. Ils les mettent en commun et les dépensent dans la nuit suivante; ils passent la nuit en actes de dévotion, comme la prière et la lecture du *Coran*, et s'en retournent après la prière de l'aurore.

Du sultan de Lar.

Il y a dans cette ville un sultan d'origine turcomane, nommé Djélal-Eddin. Il nous envoya les mets de l'hospitalité; mais nous ne le vîmes pas. Nous partîmes de Lar pour la ville de Khondjobal. Le *kha* de ce mot est remplacé depuis quelque temps par un *hé*; c'est là qu'habite le cheikh Abou-Dolaf, que nous voulions visiter. Nous logeâmes dans son ermitage. Lorsque j'y fus entré, je vis le cheikh assis sur la terre dans un coin. Il était couvert d'une *djobbah* (robe) de laine verte tout usée, et portait sur la tête un turban de laine noire. Je le saluai; il me rendit poliment mon salut, m'interrogea touchant le temps de mon arrivée et mon pays, et me donna l'hospitalité. Il m'envoyait des aliments et des fruits par un de ses fils, qui était au nombre des gens pieux, très-humble, jeûnant continuellement et fort assidu à dire ses prières. Ce cheikh Abou-Dolaf occupe une position magnifique; son autorité est étonnante, et la dépense qu'il fait dans cet ermitage, considérable. Il distribue des dons superbes, et fait présent aux autres de vêtements et de montures. En un mot, il fait du bien à tous les voyageurs. Je n'ai pas vu son pareil dans cette contrée. On ne lui connaît pas d'autres richesses que les offrandes qu'il reçoit de ses frères et de ses compagnons ; de sorte que beaucoup de personnes prétendent qu'il tire du trésor invisible de Dieu (1) les sommes nécessaires à ses dépenses.

Dans son ermitage se trouve le tombeau du cheikh, de l'ami de Dieu, du pieux Cotb-Eddin Danial, dont le nom est célèbre dans ce pays, et qui jouit d'un rang éminent parmi les contemplatifs. Son tombeau est surmonté d'une haute coupole, élevée par le sultan Cotb-Eddin Temtéhen, fils de Touran-chah. Je passai un seul jour près du cheikh Abou-Dolaf, à cause de l'empressement à partir de la caravane que j'accompagnais.

J'appris qu'il y avait dans la ville de Khondjobal un ermitage habité par plusieurs hommes pieux, qui se livraient à des exercices de dévotion. Je m'y rendis dans la soirée, et je les saluai eux et leur cheikh. Je vis des gens comblés de bénédictions et sur la personne desquels la piété avait laissé des traces profondes. Ils avaient le teint jaune, le corps maigre et pleuraient abondamment. Lorsque j'arrivai auprès d'eux, ils m'apportèrent des aliments, et leur chef dit : « Faites venir mon fils Mohammed. » Cet homme vivait dans un coin retiré de l'ermitage. Il vint nous trouver. Il ressemblait à un

(1) On peut consulter sur cette expression les observations de S. de Sacy, *Journal des Savants*, 1829, p. 481. Cf. un autre passage d'Ibn-Batoutah, ms. 901, f. 87 r.

mort échappé de son tombeau, tant son abstinence (littéralement sa dévotion) l'avait amaigri. Il me donna le salut et s'assit. Son père lui dit : « O mon fils, partage le repas de ces voyageurs, afin que tu participes à leurs bénédictions. » Il jeûnait alors ; mais il rompit le jeûne avec nous. Ces gens-là sont de la secte de Chafeï (1). Lorsque nous eûmes cessé de manger, ils firent des vœux en notre faveur et nous nous en retournâmes.

De là je me rendis à la ville de Keïs, nommée aussi Siraf (2). Elle est située sur le rivage de la mer

(1) Dans la première moitié du XVIIIe siècle, plusieurs districts du Fars étaient encore habités par des sectateurs de Chafeï. Le Cheikh Mohammed-Ali-Hazin nous apprend, dans ses curieux mémoires, que ces Chaféites avaient joui de la plus grande tranquillité durant le temps de la domination des Afghans. Voy. *The life of scheikh Mohammed-Ali-Hazin*, edited by F. C. Belfour, p. 210, 246.

(2) D'Anville, Vincent (*Voyage de Néarque*, trad. française, édit. in-4°, p. 385) et Kinneir (*Geographical Memoir of the Persian Empire*, p. 82) placent Siraf à l'endroit occupé maintenant par la petite ville de Tcharrak, au pied d'une haute montagne et à l'opposite de l'île de Keïch. Mais comme aucune ruine considérable n'existe en ce lieu, un marin anglais, le lieutenant Kempthorne, a proposé de reconnaître Siraf dans des ruines étendues, situées à deux milles à l'O. de la ville de Thahrieh, à huit milles environ au-dessous de Congoun. Voy. *Transactions of the Bombay Geographical Society*, t. I (2e édition), p. 294, 295. Cf. Morier, *Voyage en Perse, en Arménie*, etc., t. I, p. 69, 70. — Je me propose d'examiner cette question dans un travail particulier sur le littoral et les îles du golfe Persique. Je me contenterai, pour le moment, de signaler une circonstance qui me paraît militer puissamment en faveur de l'opinion du lieutenant Kempthorne, c'est que dans le fragment arabe cité plus haut (p. 80, note), et qui présente l'itinéraire suivi par les am-

de l'Inde, qui est contiguë à la mer du Iémen et à celle de la Chine ; on la compte au nombre des districts du Fars. C'est une ville d'une étendue considérable et bien bâtie. Elle est entourée de jardins magnifiques, où croissent des plantes odoriférantes et des arbres verdoyants. L'eau que boivent ses habitants provient de sources amenées des montagnes voisines. Les Sirafiens sont Persans et distingués par leur origine. Parmi eux se trouve une tribu d'Arabes Beniséfaf. Ce sont ces derniers qui plongent à la recherche des perles.

De la pêcherie des perles.

La pêcherie des perles est située entre Siraf et Bahreïn, dans un golfe dont l'eau est calme et qui ressemble à un grand fleuve. Lorsque les mois d'avril et de mai sont arrivés, des barques nombreuses se rendent en cet endroit, montées par les pêcheurs et les marchands du Fars, de Bahreïn et d'al-Cathif. Le plongeur place sur son visage, toutes les fois qu'il veut plonger, une plaque en écaille de tortue. On fabrique aussi avec cette écaille un objet semblable à des ciseaux, qui sert à comprimer les narines du plongeur. Celui-ci attache une corde à sa ceinture et plonge. Ces gens-là cherchent à se surpasser les uns les autres, dans la durée du temps qu'ils peuvent rester sous l'eau. Parmi eux il y en a qui demeurent sous l'eau une heure ou deux, ou même

bassadeurs du roi de Ceylan en Egypte, Siraf est nommé après Nakhilou et Nabend (cap Nabon), et immédiatement avant Berdastan (cap Verdistan).

davantage (1). Lorsque le plongeur arrive au fond de la mer, il y trouve les coquillages au milieu de petites pierres ; il les détache avec la main, ou les enlève, à l'aide d'un couteau dont il s'est muni dans cette intention, et les place dans un sac de cuir suspendu à son cou. Lorsque la respiration commence à lui manquer, il agite la corde. L'homme qui tient cette corde sur le rivage sent son appel, et le remonte à bord de la barque. On lui enlève son sac, et l'on ouvre les coquillages ; on y trouve un morceau de chair, que l'on détache avec un couteau. Lorsque cette chair est mise en contact avec l'air, elle se durcit et se change en perles. Toutes sont rassemblées, les petites comme les grosses. Le sultan en prélève le quint. Le reste est acheté par les marchands qui se trouvent dans ces barques. La plupart sont créanciers des plongeurs, et reçoivent des perles (2) en échange de leur créance.

De Siraf nous allâmes à la ville de Bahreïn.

(1) L'exagération de ce récit est de toute évidence. Le lieutenant Whitelock nous assure que les plongeurs demeurent au fond de la mer environ 40 secondes dans des profondeurs d'eau ordinaires, et qu'il n'en a vu aucun rester au delà d'une minute. *Transactions of the Bombay Geog. Society*, t I, p. 43. M. Morier porte la durée du séjour des pêcheurs sous l'eau à cinq minutes. *Opus suprà laudatum*, t. I, p. 75. Mais le lieutenant-colonel Johnson réduit ce temps de soixante-dix à cent secondes, et dit qu'il s'est assuré plusieurs fois de ce fait, en consultant une montre qui marquait les secondes. *Voyage de l'Inde en Angleterre*, t. I, p. 27.

(2) Littéralement : les perles ou la quantité de perles à laquelle ils ont droit.

IV. De Séra (Séraï) je partis pour Kharezm. Entre cette ville et celle de Sera il y a un désert de quarante jours de marche, dans lequel on ne voyage pas avec des chevaux, à cause de la disette du fourrage. Les chameaux seuls y traînent les *arabah* (chariots). Nous marchâmes pendant dix jours, après notre départ de Séra, et nous arrivâmes à la ville de Seradjouc. Le mot *djouc* veut dire petit ; c'est donc comme si l'on disait le petit Séra. Cette ville est située sur les bords d'un fleuve immense, que l'on appelle Olou-sou (l'Oural ou Yaïk), ce qui signifie le fleuve considérable. Il est traversé par un pont de bateaux (1), semblable à celui de Bagdad. C'est ici que nous cessâmes de voyager avec des chevaux traînant les *arabah* ; nous les vendîmes, moyennant quatre dinars d'argent par tête, et moins encore, à cause de leur état d'épuisement et de leur peu de valeur dans cette ville. Nous louâmes des chameaux pour tirer les *arabah*. Il y a à Séradjouc un ermitage appartenant à un pieux personnage turc, avancé en âge, que l'on appelle *Atha*, c'est-à-dire père. Il nous y donna l'hospitalité et fit des vœux en notre faveur. Le cadhi nous traita aussi ; mais j'ignore son nom.

Après être partis de Séradjouc, nous marchâmes

(1) *Min Kawârib.* Ce mot a donné naissance à une singulière erreur dans la traduction de M. Lee (p. 85). Ce savant, le prenant sans doute pour un pluriel de l'adjectif *carib*, proche, ou de son comparatif *akrab*, l'a traduit ainsi : Over this (the Ulu Su) is a Bridge *joining its nearest parts.*

durant trente jours, d'une marche rapide (1). Nous ne nous arrêtions que deux fois *par jour*, l'une à l'aurore et la seconde au coucher du soleil. Chacune de ces stations durait seulement le temps nécessaire pour faire cuire le *douki* (2) et pour le boire. Or il

(1) Au lieu de *tsalatsin*, trente, M. Lee a lu *tsalats*, trois (p. 85). Il aurait dû s'apercevoir cependant que cette donnée était en contradiction avec le chiffre de quarante jours, *forty days*, indiqué plus haut comme la distance totale entre Seraï et Kharezm. De ce chiffre, en retranchant dix jours pour la distance de Seraï à Seraïdjouc, il restera trente jours de marche entre Seraïdjouc et Kharezm. D'après un judicieux écrivain arabe, l'auteur du *Meçalik alabsar*, la distance de Seraï à Kharezm est d'environ un mois et demi de marche. *Notices des manuscrits*, t. XIII, p. 287.

(2) Ibn Batoutah lui-même nous apprend, dans sa description du Kiptchak, ce qu'il faut entendre par le mot *douki*. « Ces Turcs, dit-il, ne mangent pas de pain, ni aucun aliment solide (littéralement, dur). Ils préparent un mets avec un ingrédient que l'on trouve dans leur pays, qui ressemble à l'*anli* (espèce de *dzorra* ou millet ; Cf. M. de Slane, *Voyage dans le Soudan*, par Ibn Batoutah, *Journal Asiatique*, mars 1843, p. 188, 194, 195, 200 et 201), et que l'on appelle *aldouki*. *Pour faire ce mets*, ils placent de l'eau sur le feu : lorsqu'elle a bouilli, ils y versent un peu de ce douki. S'ils ont de la viande, ils la coupent en petits morceaux et la font cuire avec cette boisson. Ensuite on sert à chaque personne sa portion dans un plat. On verse par-dessus du lait caillé, et l'on boit le tout. Enfin, ils boivent du lait de jument (aigri), qu'ils appellent *kimiz*.... Ils ont aussi une liqueur fermentée (*nébidz*), fabriquée avec des grains de douki .... Je me rendis à l'ermitage, et je trouvai que l'émir y avait préparé des aliments abondants, parmi lesquels il y avait du pain. On apporta ensuite, dans de petits plateaux, une eau de couleur blanche. Les assistants burent de cette eau. Le cheikh Mozaffer-Eddin était assis tout près de l'émir, et je venais après le cheikh. Je dis à celui-ci : « Qu'est-ce que cela? » — « C'est, me répondit-il, de l'eau de *dohn*. » Je ne compris pas ce qu'il avait dit. Je goû-

est cuit après un seul bouillon. Ces peuples ont du jus de viande, qu'il répandent par-dessus cette boisson. Chaque homme mange et dort seulement dans son *arabah*, durant le temps de la marche. J'avais dans mon *arabah* trois jeunes filles. C'est la coutume des voyageurs d'user de vitesse en franchissant ce désert, à cause du peu de fourrage qu'il produit. Les chameaux qui le traversent périssent pour la plupart. Ceux qui survivent ne servent de nouveau que l'année suivante, lorsqu'ils ont repris de l'embonpoint. L'eau de ce désert se trouve dans des citernes, placées à des intervalles déterminés, à deux ou trois jours de distance l'une de l'autre; cette eau est fournie par la pluie ou par des puits creusés dans le sable. Lorsque nous eûmes traversé ce désert, nous arrivâmes à Kharezm. C'est la plus grande et la plus belle ville des Turcs. Elle possède de vastes marchés, de nombreux édifices et se recommande par des beautés remarquables. Ses habitants sont si nombreux, qu'ils ressemblent, par leurs ondulations,

tai de ce breuvage; mais je lui trouvai un goût acide et je le laissai. Lorsque je fus sorti, je m'informai de cette boisson. On me dit: « C'est du *nébidz*, fait avec des grains de douki. Car ces peuples sont du rit Hanéfite et le nébidz est considéré par eux comme permis (Cf. de Sacy, *Chrestomathie arabe*, t. I, p. 404). Ils appellent ce *nébidz* fabriqué avec du *douki*, *albouzah*. Le cheikh Mozaffer-Eddin m'avait dit: « C'est de l'eau de *dokhn* (millet). » Mais il avait un défaut de prononciation, et je pensai qu'il disait: « C'est de l'eau de *dohn*. » ms. 910, f. 65 v., 66 r. Plus loin (fol. 67 v.), Ibn Batoutah fait encore mention de boissons faites avec du *douki*. Plus loin encore (fol. 70 r., lignes 9 et 15), il est question du *douki*. Nous avons vu plus haut que les Tartares du Kiptchak faisaient usage d'une boisson nommée aux vagues de la mer. Je m'y promenai à cheval pendant un jour, et j'entrai dans le marché. Lorsque j'arrivai au milieu, et que j'atteignis l'endroit où l'on se serrait le plus, je ne pus dépasser ce lieu, à cause de la foule qui s'y pressait. Je voulus revenir sur mes pas, cela me fut également impossible; je demeurai confondu, et je ne parvins à m'en retourner qu'après de grands efforts. Quelqu'un me dit que ce marché n'était pas très-fréquenté le vendredi, parce qu'on ferme *ce jour-là* le marché de la *Caïçarieh* (bazar) et d'autres marchés. Je montai à cheval, le vendredi, et je me dirigeai vers la mosquée *djami* et le médrécéh.

Cette ville fait partie des états du sultan Uzbek, qui y a placé un émir puissant, nommé Cothloudomour (1). C'est cet émir qui a construit le médrécéh et ses dépendances. La mosquée a été bâtie par sa femme, la pieuse *khatoun* (princesse) Torabek. Il y a à Kharezm un hôpital, auquel est attaché un médecin syrien, connu sous le nom d'As-Sahiouni, qui est un adjectif relatif dérivé de Sahioun, nom d'une ville de Syrie.

Je n'ai pas vu dans tout l'univers d'hommes meil-

bouzah. Une boisson de ce nom est encore usitée de nos jours en Egypte. Voy. Silv. de Sacy, *Relation de l'Egypte*, par Abd-Allatif, p. 324 et 572; M. Quatremère, *Histoire des Mongols*, p. 25, note, et le *Voyage au Darfour*, traduit de l'arabe, par M. Perron, p. 426, 428. D'après Burnes (*Voyage à Bokhara*, t. III, p. 141), le *bouzah* est une liqueur enivrante que l'on extrait de l'orge noir.

(1) Je suis, pour ce nom, l'orthographe indiquée plus bas par Ibn Batoutah. M. d'Ohsson a mentionné ce même personnage, sous le nom de Coutloug Timour, t. IV, p. 572, 573.

leurs que les habitants de Kharezm, ni qui aient des âmes plus généreuses, ou qui chérissent davantage les étrangers. Ils observent dans leurs prières une coutume louable, que je n'ai point remarquée chez d'autres qu'eux : cette coutume consiste en ce que chaque mouezzin des mosquées de Kharezm fait le tour des maisons voisines de sa mosquée, afin d'avertir leurs habitants d'assister à la prière. L'imam frappe, en présence de toute la communauté, quiconque manque à la prière (1). Il y a un nerf de bœuf suspendu dans chaque mosquée, pour servir à cet usage. Outre ce châtiment, le délinquant doit payer une amende de cinq dinars, qui est appliquée aux dépenses de la mosquée, ou distribuée aux fakirs et aux malheureux. Ils prétendent que cette coutume est en vigueur chez eux depuis les temps anciens.

Auprès de Kharezm coule le fleuve Djeïhoun (Oxus), un des quatre fleuves qui sortent du Paradis. Il gèle dans la saison froide (2), comme le fleuve Etil

(1) Sir John Malcolm rapporte, d'après des autorités persanes, que les officiers publics de Bokhara, sous Chah Mourad ou Begui Djan, qui mourut il y a environ 50 ans, étaient continuellement occupés à conduire de force tous les habitants aux prières d'usage; et qu'ils étaient autorisés à se servir de leurs fouets pour réveiller la dévotion des indifférents. *Histoire de la Perse*, trad. fr., t. III, p. 358. Cf. Meyendorff, *Voyage d'Orenbourg à Boukhara*, p. 281, 282.

(2) Les termes dans lesquels s'exprime Ibn Batoutah pourraient faire croire que le Djeïhoun gèle tous les hivers. Mais cet événement, sans être aussi rare que le dit Alexandre Burnes (*Voyage à Bokhara*, trad. fr., t. II, p. 343), n'arrive cependant pas tous les ans. Mirkhond en rapporte un exemple re-

(Volga). On le traverse alors sur la glace. Il demeure gelé durant cinq mois. Souvent des imprudents ont osé le passer au moment où il commençait à dégeler, et ils ont péri victimes de leur témérité (1). Durant l'été on navigue sur l'Oxus, dans des bateaux, jusqu'à Termed, et l'on rapporte de cette ville du froment et de l'orge. Cette navigation prend dix jours à celui qui descend le fleuve.

Dans le voisinage de Kharezm se trouve un ermitage bâti auprès du mausolée du chéikh Nedjm-Eddin-Alkébri, qui était au nombre des saints personnages. On y prépare de la nourriture pour les voyageurs. Le chéikh de cet ermitage est Seïf-Eddin, fils d'Açabah, un des principaux habitants de Kharezm. Dans cette ville se trouve encore un ermitage dont le cheikh est le pieux, le dévot (2)

marquable. Voy. *Histoire des Samanides*, de mon édition, p. 204. — L'assertion de notre voyageur touchant le temps pendant lequel l'Oxus reste gelé, est contredite par ce que rapporte un savant géographe prussien, Carl Zimmermann. Voy. *Memoir on the countries about the Caspian and Aral seas, translated from the German, by* capt. Morier, p. 36. A la page suivante de cet opuscule, le mot *aulang* est traduit par « environs. » M. Zimmermann paraît avoir douté lui-même de l'exactitude de cette version, car il la fait suivre d'un point d'interrogation. Le mot *olang* est mongol d'origine et signifie pâturage, prairie.

(1) Cf. ce que Ibn-Batoutah a dit précédemment du fleuve Etil. ms. 910, f. 69 v.

(2) Le mot *Modjavir*, que j'ai rendu ainsi, faute d'un équivalent plus exact, signifie littéralement « celui qui fixe sa demeure dans ou près d'une mosquée ou du tombeau de quelque saint personnage, afin de s'y livrer à des exercices de dévotion. »

Djémal-Eddin-Assamarcandi, un des hommes les plus pieux *de la terre*. Il nous y traita.

Près de Kharezm on voit le tombeau de l'imam très-savant Abou'lcacim-Mahmoud, fils d'Omar Az-Zamakhchari, au-dessus duquel s'élève un dôme; Zamakhchar est une bourgade, à quatre milles de distance de Kharezm.

Lorsque j'arrivai à Kharezm, je logeai en dehors de cette ville. Un de mes compagnons alla trouver le cadhi Sadr-Eddin-Abou-Hafs-al-Békri. Celui-ci m'envoya son *naïb* (substitut) Nour-al-Islam (la lumière de l'islamisme), qui me donna le salut, et retourna ensuite près de son chef. Le cadhi vint en personne, acompagné de plusieurs de ses adhérents, et me donna le salut. C'était un tout jeune homme, mais déjà vieux par ses œuvres. Il avait deux *naïb*, dont l'un était le susdit Nour-al-Islam et l'autre, Nour-eddin-al-Kermani, un des principaux *fakihs*. Ce personnage se montre hardi dans ses décisions et ferme dans la dévotion.

Lorsque j'eus une entrevue avec le cadhi, il me dit : « Cette ville est extrêmement peuplée; vous ne réussirez pas à y entrer de jour. Nour-al-Islam viendra vous trouver, pour que vous fassiez votre entrée avec lui, à la fin de la nuit. Nous agîmes ainsi, et nous logeâmes dans un médréceh neuf, où il ne se trouvait encore personne.

Après la prière du matin, le cadhi vint nous visiter, accompagné de plusieurs des principaux de la ville, parmi lesquels Mevlana-Homam-Eddin et Mevlana-Zeïn-Eddin-al-Mocaddéci, Mevlana-Ridha-Eddin-Iahia, Mevlana-Fadhl-Eddin-ar-Ridhawi, Mevlana-Djelal-Eddin-al-Imadi, Mevlana-Chems-eddin-Assindjari, *imam* (chapelain) de l'émir de Kharezm. Ces hommes étaient vertueux et doués de qualités louables. Le principal dogme de leur croyance est l'*Itizal* (1); mais ils ne le laissent pas voir, parce que le sultan Uzbek et son vice-roi en cette ville, Cothlou-Domour, sont orthodoxes (*ehl-assonnah*).

Durant le temps de mon séjour à Kharezm, je priais le vendredi avec le cadhi Abou-Hafs-Omar, dans sa mosquée. Lorsque j'avais fini de prier, je me rendais avec lui dans sa maison, qui est voisine de la mosquée. J'entrais en sa compagnie dans son salon, l'un des plus magnifiques que l'on puisse voir. Il était décoré de superbes tapis; ses murs étaient tendus de drap. On y avait pratiqué de nombreuses niches, dans chacune desquelles se trouvaient des vases d'argent doré et des vases *Iraki* (1). C'est la coutume des habitants de ce pays d'en user ainsi dans leurs demeures. On apportait des mets en grande quantité. Car le cadhi est au nombre des hommes opulents et possède beaucoup de maisons.

(1) Cette doctrine, appelée aussi *aladl*, la justice, et *attevhid*, la profession de l'unité, consistait surtout à prétendre que les actions des hommes leur appartiennent, c'est-à-dire, que les hommes sont en possession du libre arbitre. Voy. le *Journal Asiatique*, cahier d'avril-mai 1848, p. 419, note 2.

(2) Il paraît, d'après ce que l'on voit plus loin (p. 96 ci-dessous), que ce mot désignait des vases de verre. — On fabriquait aussi dans l'Irac une poterie fort estimée. Cf. Ibn Haucal, dans le *Journal Asiatique*, IIIe série, t. XIII, p. 177.

Il est l'allié de l'émir Cothlou-Domour, ayant épousé la sœur de sa femme, nommée Djidja-Agha.

Il y a à Kharezm plusieurs prédicateurs, dont le principal est Mevlana Zeïn-Eddin-al-Mocaddéci. Le *Khatib* est Mevlana Hoçam-eddin-al-Méchathi, l'éloquent *Khatib*, un des quatre meilleurs *Khatib* que j'aie entendus dans tout l'univers.

L'émir de Kharezm est le grand émir Cothlou-Domour, dont le nom signifie : « Le fer béni ; » car *Cothlou* veut dire *béni* (*Al-Mobarek*) et *Domour* est l'équivalent de *Hadid* (fer). Cet émir est fils de la tante maternelle du sultan illustre Mohammed Uzbek ; il est le principal de ses émirs et son vice-roi dans le Khoraçan. Son fils, Haroun-Bek, a épousé la fille du sultan et de la reine Thaïthogli, dont il a été question ci-dessus (1). Sa femme, la Khatoun-Torabek, est douée d'illustres vertus. Lorsque le cadhi vint me voir pour me saluer, il me dit : « L'émir a appris ton arrivée ; il souffre des suites d'une maladie, qui l'empêche de te visiter. » Je montai à cheval avec le cadhi, pour rendre visite à l'émir. Nous arrivâmes à son palais et nous entrâmes dans un grand *michuer* (partie d'un palais séparée du reste de l'édifice), dont la plupart des appartements étaient en bois. De là nous passâmes dans

(1) Voyez ms. 908, fol. 169 v., fol. 170. Cf. 910, fol. 67 r. Ibn Batoutah appelle la fille du sultan Uzbek Itkujudjuk (Kutchuk), c'est-à-dire, la petite chienne. Il dit positivement (fol. 68 r., l. 1e) que Itkudjujuk n'était pas fille de Thaïthogli, mais d'une autre princesse, qui occupait le rang de reine (*méliket*), avant Thaïthogli.

un petit *michver* (salle d'audience) (1) où se trouvait un dôme en bois doré, et dont les murs étaient tendus de drap de diverses couleurs. Le plafond était recouvert d'une étoffe de soie brochée d'or. L'émir était assis sur un tapis de soie, étendu pour son usage particulier; il avait les pieds couverts, à cause de la goutte dont il souffrait, et qui est une maladie fort répandue parmi les Turcs (2). Je lui donnai le salut. Il me fit asseoir à son côté.

Le cadhi et les *fakihs* s'assirent aussi. L'émir m'interrogea touchant son souverain, Uzbek Mohammed, la *Khatoun* Biloun (3), le père de cette princesse et la ville de Constantinople. Je satisfis à toutes ses questions. On apporta ensuite des tables, sur lesquelles se trouvaient des mets, c'est-à-dire, des poulets rôtis, des grues, de jeunes pigeons, du pain pétri avec de la graisse et que l'on appelle *al-kelidja* (4), du biscuit et des sucreries. Ensuite on

(1) Voy. sur ces deux significations du mot *michver*, une savante note de M. R. Dozy, *Dictionnaire détaillé des noms des vêtements*, p. 42, 43.

(2) Ibn Batoutah a déjà fait plus haut cette remarque, à propos de deux des beaux-pères du sultan Uzbek. Voyez le ms. 910, fol. 68 v.

(3) Le nom de cette princesse est ainsi écrit dans un autre endroit (ms. 908, fol. 170 v.): Baïaloun. Elle était fille du roi de Constantinople, le sultan *Tacafour* (c'est-à-dire Andronic III, le Jeune), et occupait le troisième rang parmi les femmes d'Uzbek. C'est dans la compagnie de cette princesse qu'Ibn Batoutah visita Constantinople (*ibidem*, fol. 173 r.) Cf. une savante note d'Hamaker, *apud* Uylenbroek, *Iracæ persicæ Descriptio*, p. 80 des prolégomènes; et le *Journal des Savants*, 1820, p. 20.

(4) Alkildja, selon le ms. 910.

apporta d'autres tables couvertes de fruits, savoir : des grenades à pepins, dans des vases d'or ou d'argent, avec des cuillers d'or. Quelques-uns de ces fruits étaient dans des vases de verre de l'Irac, avec des cuillers de bois. Il y avait aussi des raisins et des melons superbes.

Parmi les coutumes de cet émir est la suivante : le cadhi vient chaque jour à son *michver*, et s'assied près de lui, ainsi que les *fakihs* et ses *catibs*. Un des principaux émirs s'assied en face de lui, avec huit des grands émirs ou cheïkhs turcs, qui sont appelés Al-Aragdji (1). Les habitants de la ville viennent soumettre leurs procès à la décision de ce tribunal. Les causes qui sont du ressort de la loi religieuse sont jugées par le cadhi ; les autres le sont par ces émirs. Leurs jugements sont justes et fermes, car ils ne sont pas soupçonnés d'avoir de l'inclination pour une des parties, et ne se laissent pas gagner par des présents.

Lorsque nous fûmes de retour au médrécéh, après l'entrevue avec l'émir, il nous envoya du riz, de la farine, de la viande de mouton, de la graisse, des épices et plusieurs charges de bois à brûler. On ignore l'usage du charbon dans toute cette contrée, ainsi que dans l'Inde, le Khoraçan, la Perse. Quant

(1) Comme le mot *Aragdji* ou *Argodji* m'est tout à fait inconnu et qu'il ne se rencontre pas dans les dictionnaires, je pencherais à croire qu'il nous représente le mot mongol *Iargoudji* « juge, » sur lequel on peut consulter M. Quatremère, *Histoire des Mongols*, p. 122, note 4. Au lieu de Iargoudji, Deguignes écrit Targoudji, qu'il traduit par officier chargé de rendre la justice. *Histoire générale des Huns*, t. III, p. 61, 62.

à la Chine, on y brûle des pierres qui s'enflamment comme le charbon (1). Lorsqu'elles sont converties en cendres, on les pétrit avec de l'eau, puis on les fait sécher au soleil, et on les brûle une seconde fois, jusqu'à ce qu'elles soient réduites en poudre.

Anecdote et action généreuse de ce cadhi et de l'émir.

Je fis ma prière, un certain vendredi, selon ma coutume, dans la mosquée du cadhi Abou-Hafs. Il me dit : « L'émir a ordonné de te payer une somme de cinq cents dirhems, et de préparer à ton intention un festin qui coûtât cinq cents autres dirhems, et auquel assisteraient les cheikhs, les *fakihs* et les chefs. Lorsqu'il eut donné cet ordre, je lui dis : O émir, tu prépares un repas dans lequel les assistants mangeront *seulement* une ou deux bouchées. Si tu assignes à cet étranger toute la somme, ce sera plus utile pour lui. Il répondit : Faites ainsi; et il a commandé de te payer les mille dirhems entiers. » L'émir les envoya avec son imam Chems-Eddin-As-sindjari, dans une bourse portée par son page. Le change de cette somme en or du Maghreb équivaut à trois cents dinars.

J'avais acheté ce jour-là un cheval noir, pour

(1) Cf. un autre passage d'Ibn Batoutah, traduit en partie par M. Reinaud, *Relation des Voyages*, etc., t. II, p. 25; et Marco Polo, *Voyages*, édition de la Société de Géographie, ch. CII.

trente-cinq dinars d'argent, et je le montai pour aller à la mosquée. J'en payai le prix sur cette somme de mille dirhems. A la suite de cet événement, je me vis possesseur d'un si grand nombre de chevaux, que je n'ose le répéter ici, de peur d'être accusé de mensonge. Ma position ne cessa de s'améliorer, jusqu'à mon entrée dans l'Inde. Je possédais beaucoup de chevaux; mais je préférais le cheval *noir* et je l'attachais devant tous les autres. Il vécut trois années entières à mon service. Après sa mort, ma situation changea.

La Khatoun-Djidja-Agha, femme du cadhi, m'envoya cent dinars d'argent. Sa sœur Torabec, femme de l'émir, donna en mon honneur un festin dans l'ermitage fondé par elle, et y réunit les *fakihs* et les chefs de la ville. Dans cet édifice on prépare de la nourriture pour les voyageurs. La princesse m'envoya une pelisse de martre zibeline et un cheval de prix. Elle est au nombre des femmes les plus distinguées, les plus vertueuses et les plus généreuses. (Puisse Dieu la récompenser par ses bienfaits!)

Anecdote.

Lorsque je quittai le festin que cette princesse avait donné en mon honneur et que je sortis de l'ermitage, une femme s'offrit à ma vue, sur la porte de cet édifice. Elle était couverte de vêtements malpropres et avait la tête voilée. Des femmes, dont j'ai oublié le nombre, l'accompagnaient. Elle me salua; je lui rendis son salut, sans m'arrêter et sans faire *autrement* attention à elle. Lorsque je fus sorti, un certain individu me rejoignit et me dit : « La femme qui t'a salué est la *khatoun*. » Je fus honteux de ma conduite, et je voulus retourner sur mes pas, afin de rejoindre la princesse. Mais je vis qu'elle était retournée *à sa maison*. Je lui fis parvenir mes salutations par un de ses serviteurs, et je m'excusai de ma manière d'agir envers elle, sur ce que je ne la connaissais pas.

Description du melon de Kharezm.

Le melon de Kharezm n'a pas son pareil dans tout l'univers, si l'on en excepte celui de Bokhara. Le melon d'Isfahan vient immédiatement après lui. Son écorce est verte et le dedans est rouge. Son goût est extrêmement doux, mais sa chair est ferme. Ce qu'il y a d'étonnant, c'est qu'on le coupe par tranches, qu'on le fait sécher au soleil, qu'on le place dans des paniers (1), ainsi qu'on en use chez nous avec les figues sèches et les figues de Malaga; et *dans cet état*, on le transporte de Kharezm à l'extrémité de l'Inde et de la Chine (2). Il n'y a pas, par-

(1) Ibn Batoutah emploie ici le mot *cawasir*, pluriel de *cawsarret* et *cawsaret*. Ce pluriel manque dans le dictionnaire.

(2) Ce passage d'Ibn Batoutah mérite d'être rapproché de ce que Marco-Polo nous apprend des melons de la ville de Sopurgan (Chuburgan, dans le Djouzdjan) : «... et vos di qui hi a les meior melon do monde en grandisime quantité, qu'ils les font

mi tous les fruits secs, un fruit plus agréable au goût. Pendant le temps de mon séjour à Dehli, dans l'Inde, toutes les fois que des voyageurs arrivaient, j'envoyais quelqu'un pour m'acheter, de ces gens-là, des tranches de melon. Le roi de l'Inde, lorsqu'on lui apportait de ces melons, m'en envoyait, parce qu'il connaissait mon goût pour eux. C'est là coutume de ce prince de faire manger aux étrangers des fruits de leur pays, et de les favoriser de cette manière.

Anecdote.

Un chérif, du nombre des habitants de Kerbéla, m'avait accompagné de Séra à Kharezm. Il s'appelait Ali, fils de Mançour, et exerçait la profession de marchand. Je le pressai d'acheter pour moi des vêtements et d'autres objets. Il m'achetait un habit pour dix dinars, et me disait : « Je l'ai payé huit dinars. » Il me portait en compte huit dinars, et payait de sa bourse les deux autres dinars. J'ignorai sa conduite, jusqu'à ce qu'elle me fut révélée par d'autres personnes. Outre cela, le chérif m'avait prêté plusieurs dinars. Lorsque je reçus le présent de l'émir de Kharezm, je lui rendis ce qu'il m'a-

secher en ceste mainere, car ils les trincent tous environ si con coroies, puis les metent au soleil et li font sécher et devienent plus douce qe mel, et voz di qu'il en font mercandie et li vont vendant por la contrée environ à grant plantée, et hi a veneison de bestes et de ausiaus otre mesure. » *Voyages*, édition de la Société de Géographie, p. 42.

vait prêté; et je voulus ensuite lui faire un cadeau, en retour de ses belles actions. Il le refusa, et jura qu'il ne l'accepterait pas. Je voulus donner le présent à un jeune esclave qui lui appartenait, et que l'on appelait Cafour. Mais il fit serment qu'il ne l'accepterait pas. Ce chérif était le plus généreux habitant des deux Irac que j'eusse vu. Il résolut de se rendre avec moi dans l'Inde. Mais, dans la suite, plusieurs de ses concitoyens arrivèrent à Kharezm, afin de faire un voyage en Chine. Il forma le projet de les accompagner. Je lui fis des représentations à ce sujet; mais il me répondit : « Ces habitants de ma ville natale retourneront auprès de ma famille et de mes proches, et rapporteront que j'ai fait un voyage dans l'Inde, à la manière des mendiants. Ce serait un sujet de blâme pour moi de ne pas me joindre à eux. » Il partit avec eux pour la Chine. J'appris par la suite, pendant mon séjour dans l'Inde, que cet homme, lorsqu'il fut arrivé dans la ville d'Almalic, située à l'extrémité de la principauté de Mavérannahr et à l'endroit où commence la Chine, s'y arrêta, et envoya *à la Chine* un jeune esclave, à lui appartenant, avec ce qu'il possédait de marchandises. L'esclave tarda à revenir. Sur ces entrefaites, un marchand arriva de la patrie *du chérif* à Almalic, et se logea dans le même caravansérail (*fondok*) que lui. Le chérif le pria de lui prêter quelque argent, en attendant le retour de son esclave. Le marchand refusa; mais ensuite il ressentit vivement la honte d'avoir manqué à assister de sa bourse le chérif, et forma le projet de lui rendre visite, dans l'endroit du *fondok* où il logeait. Le chérif apprit cela; il en fut mécontent, entra dans son appartement et se coupa la gorge. On survint dans un instant où il lui restait encore un souffle de vie, et l'on soupçonna de l'avoir tué un esclave qui lui appartenait. Mais il dit aux assistants : « Ne lui faites pas de mal; c'est moi qui me suis traité ainsi; » et il mourut le même jour. Puisse Dieu lui faire miséricorde!

Ce chérif m'a raconté le fait suivant, comme lui étant arrivé. Il reçut un jour en prêt, d'un certain marchand de Damas, six mille dirhems. Ce marchand le rencontra dans la ville d'Hamah, et lui réclama son argent. Or il avait vendu à terme les marchandises qu'il avait achetées avec cette somme. Il fut honteux de ne pouvoir payer son créancier, entra dans sa maison, attacha son turban au toit, et voulut s'étrangler. *Mais* la mort ayant tardé à l'atteindre, il se rappela un changeur de ses amis; l'alla trouver et lui exposa son embarras. Le changeur lui prêta une somme avec laquelle il paya le marchand.

Lorsque je voulus partir de Kharezm, je louai un chameau, et j'achetai une litière (1). J'avais pour

(1) Ibn Batoutah se sert ici du mot *méhârèt*, qui a pour synonyme, en persan, le mot *kedjaveh*. Le dictionnaire de Richardson traduit ce dernier mot par « litière portée par un chameau, dans laquelle les femmes voyagent. » Cette définition est incomplète; les hommes se servent aussi de ce mode de transport,

contre-poids (*adil*) (1) dans cette litière Afif-Eddin-At-Touzéri. Mes serviteurs montèrent quelques-uns de mes chevaux (2). Nous entrâmes dans le désert qui s'étend entre Kharezm et Bokhara, et qui a dix-huit journées d'étendue (3). Pendant ce temps, on marche dans des sables entièrement inhabités, si l'on en excepte une seule ville. Je fis mes adieux à l'émir Cothlou-Domour, qui me fit don d'un habit d'honneur, ainsi que le cadhi. Ce dernier sortit de la ville avec les *fakihs*, pour me dire adieu. Nous marchâmes pendant quatre jours, et nous arrivâmes

comme on peut le voir dans une foule de voyageurs, et, entre autres, dans George Forster, *Voyage du Bengale à Saint-Pétersbourg*, *passim*; Burnes, *Voyage à Bokhara*, t. II, p. 232, 233; James Ed. Alexander, *Travels*, p. 140, 141; Fraser, *Journey into Khorasan*, p. 364, note, et 504; Conolly, *Journey Overland*, t. I, p. 40, 41. Du reste, si j'ai rendu méharet par « litière », c'est faute d'un équivalent plus exact. En effet, le *kedjaveh*, et comme nous voyons ci-dessous, le méharet, sont, à proprement parler, deux cages ou berceaux que l'on attache de chaque côté d'un chameau ou d'un mulet, et qui se font contre-poids l'un l'autre. Voy. Kæmpfer, *Amœnitates exoticæ*, p. 724 et la figure de la page 746.

(1) Le mot *adil* est employé dans le même sens par Sâdi : *Kedjaveh nichinira chunidem kih ba adili khod migoft* « J'entendis un homme, assis dans un kedjaveh, dire à celui qui lui servait de contre-poids. » *Gulistan*, édition de Semelet, page 153.

(2) Le ms. 910 ajoute ici : « Nous couvrîmes les autres avec des housses (*djallalna*), à cause du froid. »

(3) Telle est la leçon que fournissent les mss. 908, 909, 910 et 911, ainsi que l'abrégé dont M. Kosegarten a publié des extraits (*Commentatio*, p. 15). Mais le total des distances qui séparaient Kharezm de Kat, Kat de Wabkeneh, et ce dernier endroit de Bokhara, ne donne que onze jours.

à la ville d'Al-Kat. Il n'y a pas sur le chemin, *de Kharezm à Bokhara*, d'autre lieu habité que cette ville. Elle est petite, mais belle. Nous logeâmes en dehors, près d'un étang qui avait été gelé par la rigueur du froid, et sur lequel les enfants jouaient et glissaient. Le cadhi de Kat, appelé Sadr-Ach-Chériah (le chef de la loi), apprit mon arrivée. Je l'avais déjà rencontré dans la maison du cadhi de Kharezm. Il vint me saluer, avec les étudiants et le chéikh de la ville, le pieux et dévot Mahmoud-Al-Khivaki. Le cadhi me proposa de visiter l'émir de Kat. Le chéikh Mahmoud lui dit : « Il convient que cet étranger reçoive la visite (au lieu de la faire) ; si nous avons quelque grandeur d'âme, nous irons trouver l'émir et nous l'amènerons. » Ils agirent de la sorte. L'émir, ses officiers et ses serviteurs arrivèrent au bout d'une heure ; et nous saluâmes ce chef. Notre intention était de nous hâter dans notre voyage. Mais il nous pria de nous arrêter, et donna un festin dans lequel il réunit les *fakihs*, les chefs de l'armée, etc. Les poëtes y récitèrent les louanges de l'émir. Ce prince me fit présent d'un vêtement et d'un cheval de prix (1).

Dans ce désert on marche l'espace de six journées, sans rencontrer d'eau. Au bout de ce temps, nous arrivâmes à la ville de Wabkéneh, éloignée d'un jour de marche de Bokhara. C'est une belle ville, arrosée par des rivières et embellie par des jardins.

(1) Deux de nos mss. (n° 908, 910) ajoutent ici : Nous suivîmes la route connue sous le nom de Sibaïet (908 : Siacet).

On y conserve des raisins d'une année à l'autre. Ses habitants cultivent un fruit qu'ils appellent *al-allou* (la prune). Ils le font sécher, et on le transporte dans l'Inde et à la Chine; on verse de l'eau pardessus et l'on boit cette eau. Le goût de ce fruit est doux, lorsqu'il est encore vert; mais quand il est séché, il contracte une saveur légèrement acide. Il est recouvert d'un épais duvet. Je n'ai pas vu son pareil dans l'Andalousie, ni dans le Maghreb, ni en Syrie.

Nous marchâmes ensuite pendant toute une journée, au milieu de jardins contigus les uns aux autres, de rivières, d'arbres et de champs cultivés; et nous arrivâmes à la ville de Bokhara, qui a donné naissance à l'imam des Mohaddits (compilateurs ou professeurs de *hadits* ou traditions), Abou-Abd-Allah-Mohammed, fils d'Ismaïl Al-Bokhari. Cette ville a été la capitale des pays situés au delà du fleuve Djeïhoun. Le maudit Tenkir (1), le Tatar, l'aïeul des rois de l'Irac, l'a dévastée. Actuellement ses mosquées, ses colléges et ses marchés sont en ruines, à l'exception d'un petit nombre. Ses habitants sont méprisés; leur témoignage n'est pas reçu à Kharezm, ni ailleurs, à cause de leur réputation de partialité, de fausseté et d'impudence (2). Il n'y a

(1) Ailleurs, ce même nom est écrit Tenkiz, ce qui se rapproche plus de la vraie leçon: Djenguiz.

(2) Il est curieux de voir combien ce portrait, tracé par un témoin oculaire, diffère de celui que nous a laissé un écrivain contemporain, d'après quelque auteur plus ancien. « Les habi-

plus aujourd'hui à Bokhara d'homme qui possède quelque connaissance, ou qui ait quelque désir d'en acquérir.

Récit des commencements des Tatars et de la destruction de Bokhara et d'autres villes par ce peuple.

Tenkiz-Khan était forgeron dans le pays de Khita (1). Il avait une âme généreuse, un corps vigoureux, une stature élevée. Il réunissait ses compagnons et leur donnait à manger. Plusieurs individus se rassemblèrent auprès de lui, et le mirent à leur tête. Il s'empara de son pays natal; il devint puissant et ses forces augmentèrent. Il fit la conquête du royaume de Khita, puis de la Chine. Ses troupes prirent un accroissement considérable. Il conquit les pays de Khoten, de Kachkhar (Cachgar) et d'Almalik. Djélal-Eddin-Sindjar (2), fils du Kharezm-

tants de Bokhara, dit l'auteur du *Mécalik al Absar*, se distinguent par la politesse, la *science*, la connaissance de la jurisprudence, les sentiments religieux, la *sincérité*,.... la bonhomie.» *Notices et extraits des manuscrits*, t. XIII, p. 252.

(1) Voyez sur cette tradition ridicule, les observations de M. C. d'Ohsson, *Histoire des Mongols*, t. I, p. 36, 37, note. Cf. le *Voyage à Péking, à travers la Mongolie*, *en* 1820 *et* 1821, par G. Timkovski, t. I, p. 155 et 179.

(2) Le vrai nom de ce prince était Ala-Eddounia-Veddin Mohammed, fils de Tacach. Sindjar n'était qu'une espèce de sobriquet adopté par lui, dans la circonstance suivante: «En écrivant des lettres pour annoncer la victoire de Mohammed sur Tanikou et les troupes du Carakhitaï, les secrétaires donnèrent au sultan

Chah, était roi du Kharezm, du Khoraçan et du Mavérannahr. Il possédait une puissance considérable. Tenkiz le craignit, s'abstint de l'attaquer et n'exerça aucun acte d'hostilité contre lui.

Il arriva que Tenkiz envoya des marchands, avec des productions de la Chine et du Khita, telles qu'étoffes de soie et autres, dans la ville d'Othrar, la dernière place des états de Djélal-Eddin. Le lieutenant de ce prince à Othrar lui annonça l'arrivée de ces marchands, et lui fit demander quelle conduite il devait tenir envers eux. Le roi lui écrivit de s'emparer de leurs richesses et de leur infliger un châtiment exemplaire, de les mutiler et de les renvoyer ensuite dans leur pays. Car Dieu avait décidé d'affliger et d'éprouver les habitants des contrées de l'Orient, en leur inspirant une résolution lâche, un dessein méchant et de mauvais augure.

Lorsque le gouverneur d'Othrar se fut conduit de la sorte, Tenkiz se mit en marche, à la tête d'une armée innombrable, pour envahir les pays musulmans. Quand le gouverneur d'Othrar reçut

le surnom d'Iskender Sani (Second Alexandre). Le sultan dit à ce sujet : « La durée du règne de Sindjar a été plus considérable que celle de la puissance d'Iskender : si, par manière de présage *favorable*, l'on ajoute à mes surnoms le nom de sultan Sindjar, l'on agira d'une manière convenable » Les *mounchis* ayant accompli les ordres de leur maître, peu de temps après cette victoire, l'Imam Dhia-Eddin composa, à la louange du sultan, une *cacideh* dont je cite les trois vers qui suivent : « Sultan, gloire du monde, Sindjar, etc. » *Histoire des sultans du Kharezm*, par Mirkhond, p. 56, 57 de mon édition. Cf. M. d'Ohsson, *opus suprà laudatum*, t. I, p. 182.

l'avis de son approche, il envoya des espions, afin qu'ils lui apportassent des nouvelles de l'ennemi. On raconte que l'un d'eux entra dans le quartier d'un des émirs de Tenkiz, sous le déguisement d'un mendiant; et ne trouva personne qui lui donnât à manger. Il s'arrêta près d'un Tatar, mais il ne vit chez cet homme aucune provision, et n'en reçut pas le moindre aliment. Lorsque le soir fut arrivé, le Tatar prit des intestins desséchés, les humecta avec de l'eau, fit une saignée à son cheval, remplit ces boyaux du sang qui coulait de cette saignée, les lia et les fit rôtir; ce mets fit *toute* sa nourriture. L'espion retourna à Othrar, informa le gouverneur de cette ville de ce qui regardait les ennemis, et lui déclara que personne n'était assez puissant pour les combattre. Le gouverneur demanda du secours à son souverain Djélal-Eddin. Ce prince le secourut par une armée de soixante mille hommes, sans compter les troupes qu'il avait précédemment. Lorsque l'on en vint aux mains, Tenkiz les mit en déroute; il entra de vive force dans la ville de Tharaz, tua les hommes et fit prisonniers les enfants. Djélal-Eddin marcha en personne contre lui. Ils se livrèrent des combats si sanglants, qu'on n'en avait pas encore vu de pareils depuis l'islamisme. Enfin, Tenkiz s'empara du Mavérannahr, détruisit Bokhara, Samarcand et Termed, et passa le Djeïhoun, se dirigeant vers Balkh, dont il fit la conquête. Puis il marcha sur Bamian (1),

(1) Au lieu de ce mot, trois de nos mss. (908, 909, 911) portent Iamian et le quatrième Iarmian. Plus loin, tous quatre donnent la leçon Iamian.

qu'il prit également; *enfin*, il s'avança au loin dans le Khoraçan et dans l'Irac-Adjem. Les musulmans se soulevèrent contre lui à Balkh et dans le Mavérannahr. Il revint sur eux, entra de vive force dans Balkh, et ne la quitta qu'après en avoir fait un désert; il fit ensuite de même à Termed. Cette ville fut dévastée; elle n'est jamais redevenue florissante depuis lors; mais on a bâti, à deux milles de là, une ville que l'on appelle aujourd'hui *Termed*. Tenkiz massacra les habitants de Bamian, et la ruina de fond en comble, excepté le minaret (*somaat*) de sa mosquée djami (1). Il pardonna aux habitants de Bokhara et de Samarcand; puis il retourna dans l'Irac. La puissance des Tatars ne cessa de faire des progrès, jusqu'à ce qu'ils entrèrent de vive force dans la capitale de l'islamisme et dans le palais du khalife, à Bagdad, et égorgèrent le khalife Mostacim-Billah, l'Abbasside.

(1) Le siége de Bamian est un des épisodes les plus remarquables de la conquête de l'empire kharezmien par Djenguiz-khan. On en peut voir les détails dans l'*Hist. des Mongols*, par M. C. d'Ohsson, 2ᵉ édition, t. I, p. 294, 295, et surtout dans Pétis de la Croix, *Histoire du grand Genghizcan*, 1710, p. 387, 388, 392, 393, 397, 398. Cf. Mirkhond, *Vie de Djenguiz-khan*, édition de M. Jaubert, p. 142, 143; *Histoire des sultans de Kharezm*, de mon édition, p. 97, 98. Si le célèbre voyageur anglais Moorcroft avait connu l'*Histoire du grand Genghizcan*, il aurait vu que le motif qui porta Djenguiz-khan à ruiner Bamian, était la mort d'un de ses petits-fils, tué pendant le siége de cette ville; et non « quelque cause que l'on n'indique pas. » Voyez ce passage de Moorcroft, dans les *Nouvelles Annales des Voyages*, Vᵉ série, t. XII, p. 292.

Voici ce que dit Ibn Djozaï : « Notre chéikh, le cadhi des cadhis, Abou'l Bérékat, le pèlerin, m'a fait le récit suivant : J'ai entendu dire au khatib Abou Abd-Allah, fils de Réchid : je rencontrai à la Mekke Nour-Eddin, fils d'Az-Zedjdjadj, un des ouléma de l'Irac, accompagné du fils de sa sœur. Nous conversâmes ensemble. Il me dit : Il a péri dans la catastrophe causée par les Tatars, dans l'Irac, 24,000 savants. Il ne reste plus de toute cette classe que moi et cet homme, » désignant du geste le fils de sa sœur. »

Mais revenons au récit de notre voyageur.

Nous logeâmes, dit-il, dans le faubourg de Bokhara, nommé Feth-Abad, où se trouve le tombeau du Chéikh, du savant, du dévot Seif-Eddin al-Bakharzi ; cet homme était au nombre des principaux saints. L'ermitage qui porte son nom et où nous descendîmes, est considérable. Il jouit de *vacfs* (legs) importants, à l'aide desquels on donne à manger à tout venant. Le chéikh de cet ermitage est un descendant de Bakharzi ; c'est le pèlerin, le voyageur Iahia-al-Bakharzi. Ce chéikh me traita dans sa maison. Il réunit les principaux habitants de la ville. Les lecteurs du Coran firent une lecture avec leurs belles voix ; le prédicateur fit un sermon, et on chanta des chansons turques et persanes, d'après une manière excellente. Je passai en cet endroit une nuit admirable ; j'y rencontrai le savant, le vertueux Sadr-ach-cheriat (le chef de la loi), qui était arrivé d'Hérat ; c'était un homme pieux et excellent. Je visitai à Bokhara le tombeau de l'imam Abou-Abd-Allah-al-Bokhari, auteur du recueil (de traditions) intitulé : *Aldjami'ssahih* (la collection véridique). Sur ce tombeau se trouve cette inscription : « Ceci est le tombeau de l'imam Abou-Abd-Allah-Mohammed, fils d'Ismaïl-al-Bokhari, qui a composé tels et tels ouvrages. » C'est ainsi qu'on lit sur les tombes des savants de Bokhara, leurs noms et les titres de leurs ouvrages. J'avais transcrit un grand nombre de ces épitaphes; mais je les ai perdues, avec bien d'autres objets, lorsque les infidèles de l'Inde me dépouillèrent sur mer.

Nous partîmes de Bokhara, afin de nous rendre au camp du sultan pieux et honoré, Ala-Eddin-Thermachirin. Nous passâmes par Nakhcheb, ville dont le chéikh Abou-Torab al Nakhchébi a emprunté son surnom. C'est une petite ville, entourée de jardins et de rivières. Nous logeâmes hors de ses murs, dans la maison de son prince. J'avais avec moi une jeune esclave, qui était enceinte et près de son terme; j'avais résolu de la conduire à Samarcand, pour qu'elle y fît ses couches. Or elle était dans une litière, sur un chameau. Nos compagnons partirent de nuit. Cette esclave les accompagna, avec les provisions et d'autres objets à moi appartenants. Pour moi, je restai *près de Nakhcheb*, afin de me mettre en route de jour, avec quelques autres de mes compagnons. Les premiers suivirent un chemin différent de celui que nous prîmes. Nous arrivâmes le soir du même jour au camp du sultan; nous étions affamés; nous descendîmes dans un endroit éloigné du marché; un de nos camarades acheta de quoi apaiser notre faim. Un marchand nous prêta une tente où nous passâmes la nuit. Nos compagnons partirent le lendemain matin, à la recherche des chameaux et du reste de la troupe; ils les trouvèrent dans la soirée et les amenèrent avec eux. Le sultan était alors absent du camp pour une partie de chasse. Je visitai son naïb, l'émir Takbogha; il me logea dans le voisinage de sa mosquée et me donna une *khirkah;* c'est une espèce de tente (*khaba*), que nous avons décrite ci-dessus. J'établis la jeune esclave dans cette *khirkah*; elle y accoucha dans la même nuit. On m'informa qu'il était né un enfant mâle, mais il n'en était pas ainsi : ce ne fut qu'après l'*akikat* (1), qu'un de mes compagnons m'apprit que l'enfant était une fille. Je fis venir les esclaves femelles, et je les interrogeai; elles me confirmèrent la vérité du fait. Cette fille était née sous une heureuse étoile. Depuis sa naissance, j'éprouvai toutes sortes de joies et de satisfaction. Elle mourut deux mois après mon arrivée dans l'Inde, ainsi que je le raconterai ci-dessous.

Je visitai dans ce camp le chéikh, le *fakih*, le dévot Mevlana Hoçam-Eddin al-Iaghi (le sens de ce dernier mot, en turc, est le rebelle, *al-tsaïr*), qui est

(1) Brebis que l'on sacrifie lorsqu'un enfant est rasé pour la première fois, ce qui a lieu d'ordinaire le septième jour après sa naissance.

un habitant de Tharaz (1), et le chéikh Haçan, gendre du sultan.

Histoire du sultan du Mavérannahr.

C'est le sultan honoré (al-sultan al-Moazzem), Ala-Eddin Thermachirin (2); c'est un prince très-puissant. Il possède des armées nombreuses, un royaume considérable et un pouvoir étendu; il exerce l'autorité avec justice. Ses provinces sont situées entre celles de quatre des plus puissants souverains de l'univers : le roi de la Chine, le roi de l'Inde, le roi de l'Irac et le roi Uzbek. Ces quatre princes lui font des présents, et lui témoignent de la considération. Il est parvenu à la royauté après son frère al-Djakathaï (3). Ce dernier était infidèle; il était monté sur le trône après son frère aîné Kébek (4). Kébek était aussi infidèle, mais il était juste dans l'exercice de son autorité, rendait justice aux opprimés et traitait les Musulmans avec égard.

(1) Au lieu de ce mot, les mss. 908, 909, 911 portent Othraz.

(2) On peut voir, sur ce prince, ce que dit un savant historien contemporain, l'auteur du *Mécalik al Absar* (*Notices et Extraits des manuscrits*, t. XIII, p. 235, 238.)

(3) L'Iltchikdaï de M. d'Ohsson. Voy. l'*Histoire des Mongols*, t. IV, p. 748, Tableau de la branche de Tchagataï.

(4) Le Guibek de M. d'Ohsson, *ibidem* et t. II, p. 420. Dans ce dernier passage, et t. IV, p. 558, M. d'Ohsson dit que Guébek était fils cadet de Doua. Guébek et Iltchikdaï ne sont pas comptés par Deguignes (t. I, p. 286) parmi les Khans du Djagathaï.

Anecdote.

On raconte que ce roi Kébek s'entretenant un jour avec le *fakih*, le prédicateur Bedr-Eddin al-Meïdani, lui dit : « Tu prétends que Dieu a mentionné toutes choses dans son livre respectable (c'est-à-dire le Coran) ? » Le *fakih* répondit : « Oui, certes. » « Où donc se trouve mon nom dans ce livre ? » Le fakih répartit : « Dans ce verset (1) (ton maître généreux) qui t'a façonné (*rakkebek*) d'après la forme qu'il a voulue. » Cela plut à Kébek ; il dit : *iakhchi*, ce qui, en turc, veut dire *excellent*; témoigna à cet homme une grande considération, et accrut celle qu'il montrait aux Musulmans.

Autre anecdote.

Parmi les jugements rendus par Kébek, on raconte le suivant : Une femme vint se plaindre à lui d'un des émirs ; elle exposa qu'elle était pauvre et chargée d'enfants, qu'elle possédait du lait avec le prix duquel elle les nourrissait, que cet émir le lui avait enlevé de force et l'avait bu. Kébek lui dit : « Je le ferai fendre en deux (2) ; si le lait sort de son

(1) Coran, Sourate 82, verset 8.

(2) Voyez sur ce supplice, très-usité en Orient, les détails que j'ai donnés ailleurs (*Histoire des sultans du Kharezm*, p. 4, note; *Journal Asiatique*, IVe série, t. III, p. 124, 125) ; et Cf. Reinhart Dozy, *Dictionnaire détaillé*, p. 276, note.

ventre, il sera mort *justement*; sinon, je te ferai fendre en deux après lui. » La femme dit : « Je lui abandonne mes droits sur ce lait, et je ne lui réclame rien. » Kébek fit couper en deux cet émir, et le lait coula de son ventre.

Mais revenons au sultan Termachirin.

Lorsque j'eus passé quelques jours dans le camp, que les Turcs appellent *ordou*, je m'en allai un jour, pour faire la prière de l'aurore dans la mosquée, selon ma coutume; quand j'eus fini ma prière, un des assistants me dit que le sultan se trouvait dans la mosquée. Après que ce prince se fut levé de son oratoire (*moçalla*), je m'avançai pour le saluer. Le chéikh Haçan et le *fakih* Hoçam-Eddin-al-Iaghi se levèrent, et instruisirent le sultan de ma situation et de mon arrivée depuis quelques jours. Il me dit en turc : *Khoch-misen*, *iakhchi-misen*, *cothlou-eïousen*. Le sens de *khoch-misen*, est : Es-tu bien portant? *Iakhchi-misen* signifie : Tu es un homme excellent (*djeiïdoun enta*) (1). Enfin, *cothlou-eïousen* signifie : Ton arrivée est bénie.

Le sultan était couvert en ce moment d'une tunique de codsi (2), de couleur verte; il portait sur

(1) Les mots *khoch-misen*, *iakhchi-misen* sont placés ailleurs, par Ibn Batoutah, dans la bouche d'une princesse qui régnait sur une contrée de l'Indo-Chine, probablement le Tonquin. Dans cet endroit Ibn-Batoutah les traduit par : « Comment te trouves-tu? Comment te portes-tu? » Voy. *Description de l'archipel d'Asie par Ibn Batoutah, traduite de l'arabe*, par M. Ed. Dulaurier, p. 56 du tirage à part.

(2) La nature de cette étoffe, qui paraît avoir emprunté son

sa tête une *chachiah* (calotte) de pareille étoffe. Il retourna à pied à son *medjlis ;* ses sujets se présentaient devant lui *sur la route*, pour lui exposer leurs griefs. Il s'arrêtait pour chaque plaignant, grand ou petit, homme ou femme; ensuite il m'envoya chercher. J'arrivai près de lui et je le trouvai dans une tente, en dehors de laquelle les hommes se tenaient, à droite et à gauche. Tous les émirs étaient assis sur des siéges; leurs serviteurs se tenaient debout au-dessus d'eux et devant eux. Tous les soldats étaient assis sur plusieurs rangs ; devant chacun d'eux se trouvaient ses armes ; ils étaient alors de garde (*ehl-an-naubet*), et devaient rester en cet endroit jusqu'à l'*asr ;* d'autres devaient venir *les relever* et rester jusqu'à la fin de la nuit. On avait placé en ce lieu des tentures d'étoffes de coton, sous lesquelles ces hommes étaient abrités.

Lorsque je fus introduit près du roi, dans la tente, je le trouvai assis sur un siége semblable à une chaire à prêcher (*minber*), recouvert de soie brochée d'or. Le dedans de la tente était doublé d'étoffes de soie dorées ; une couronne incrustée de perles et de rubis était suspendue, à la hauteur de plusieurs coudées, au-dessus de la tête du sultan.

nom de celui de *Cods* (Jerusalem), sans doute parce qu'elle était principalement fabriquée dans cette ville, ne m'est pas exactement connue. Outre le passage ici traduit, le mot *Codsi* est mentionné dans trois autres passages d'Ibn Batoutah, qui ont été rapportés par M. Reinhart-Dozy (*Dictionnaire détaillé*, p. 356, note).

Les principaux émirs étaient assis sur des siéges, à la droite et à la gauche du prince. Des fils de roi, portant dans leurs mains des émouchoirs (1), se tenaient debout devant lui. Près de la porte de la tente étaient postés le *naïb*, le vizir, le *hadjib*, le secrétaire de *l'alamah* (*sahib al-alamah*) (2), que les Turcs appellent al-thamgha (*al* signifie rouge, et *thamgha*, paraphe). Tous quatre se levèrent devant moi, lorsque j'entrai, et m'accompagnèrent. Je saluai le sultan, et il m'interrogea touchant la Mekke, Médine, Jérusalem, Hébron (*Médinet alkhalil*), Damas, l'Égypte, al-Mélic an-Nacir, les deux Irac, leur souverain et la Perse. Le secrétaire de l'*Alamah* nous servait de truchement. Ensuite le *mouezzin* appela les fidèles à la prière de midi, et nous nous en retournâmes.

Nous assistions aux prières, en compagnie du sultan; et cela pendant des journées d'un froid excessif et mortel. Le sultan ne négligeait pas de faire la prière de l'aurore et celle du soir, le vendredi. Il s'asseyait pour prier en langue turque, après la prière de l'aurore jusqu'au lever du soleil. Tous ceux qui se trouvaient dans la mosquée, s'approchaient de lui pour l'entretenir, et liaient leurs mains sur

(1) Nos quatre mss. portent *al-medabb*; mais il faut lire *al-medzabb*, pluriel de midzabbet, chasse-mouche. Cf. sur ce mot, un passage de Maçoudi, rapporté par M. Reinaud, *Relation des Voyages*, etc., t. II, p. 19, et une note de M. R. Dozy, *Commentaire historique sur le poëme d'Ibn Abdoun*, etc., p 89, 90.

(2) Voyez sur ce mot une des notes précédentes, page 61.

celles du sultan. Ils agissent de même à la prière de l'*asr*. Lorsqu'on apportait au sultan un présent de raisins secs ou de dattes (or les dattes sont rares chez eux et ils les aiment fort), il en donnait de sa propre main à tous ceux qui se trouvaient dans la mosquée.

Anecdote.

Parmi les actions généreuses de ce roi, je citerai la suivante : J'assistai un jour à la prière de l'*asr*. Le sultan ne s'y trouva pas. Un de ses pages vint avec un petit tapis, qu'il étendit en face du *mihrab* (place de l'*imam*), où le prince avait coutume de prier. Il dit à l'imam Hoçam-Eddin-al-Iaghi : « Notre maître veut que vous l'attendiez un instant pour faire la prière, jusqu'à ce qu'il ait achevé ses ablutions. » L'imam se leva et dit : « Le *namaz*, c'est-à-dire, la prière, est-il pour Dieu ou pour Thermachirin ? » Puis il ordonna au *mouezzin* de réciter l'appel à la prière. Le sultan arriva lorsque l'on avait déjà terminé deux *rikats* de la prière. Il fit les deux derdiers rikats (et cela dans l'endroit où les fidèles déposent leurs sandales, près de la porte de la mosquée) ; après quoi, la prière publique fut achevée, et il accomplit *seul* les deux *rikats* qu'il avait passés. Puis il se leva, se tourna en riant vers l'imam, afin de causer avec lui, et s'assit en face du *mihrab*. Le chéikh, l'imam était à son côté, et moi, j'étais à côté de l'imam. Le prince me dit : « Quand tu seras retourné dans ton pays, racontes-y qu'un *fakir* persan agit de la sorte avec le sultan des Turcs. »

Ce chéikh prêchait les fidèles tous les vendredis; il ordonnait au sultan d'agir conformément à la loi, et l'empêchait de commettre des actes illégaux ou tyranniques. Il lui parlait avec dureté ; le sultan se taisait et pleurait. Le chéikh n'acceptait aucun présent du sultan, ne mangeait même pas à sa table, et ne revêtait pas d'habits donnés par lui. En un mot, c'était un des plus pieux serviteurs de Dieu. Je vis souvent sur lui une tunique d'étoffe de coton, doublée et piquée de coton, tout usée et toute déchirée. Sur sa tête il portait une *calansoueh* (calotte de feutre), dont la pareille valait bien un *kirath* (petite pièce de monnaie), et qui n'était pas entourée d'une *imamah* (pièce de mousseline que l'on roule autour du turban (1)). Je lui dis un jour : « O mon seigneur, qu'est-ce que cette tunique dont tu es vêtu ? Certes, elle n'est pas belle. » Il me répondit : « O mon fils, cette tunique ne m'appartient pas, mais elle appartient à ma fille. » Je le priai d'accepter quelqu'un de mes vêtements. Il me dit : « J'ai fait vœu à Dieu, il y a cinquante ans, de ne rien recevoir de personne ; si j'acceptais un don de quelqu'un, ce serait de toi. »

Lorsque j'eus résolu de partir, après avoir séjourné près de ce sultan durant cinquante-quatre jours, il

(1) Ce passage vient merveilleusement à l'appui de l'explication que M. Dozy a donnée du mot *calansoueh*, dans un des meilleurs articles de son *Dictionnaire détaillé des noms des vêtements chez les Arabes*, p. 366.

me donna sept cents dinars d'argent et une pelisse de zibeline (1), qui valait cent dinars et que je lui demandai, à cause du froid. Lorsque je la lui eus demandée, il prit mes deux manches et se mit à les baiser, marquant ainsi son humilité, sa vertu et la bonté de son caractère. Il me donna deux chevaux et deux chameaux. Quand je voulus lui faire mes adieux, je le rencontrai au milieu du chemin, se dirigeant vers une réserve de chasse. La journée était extrêmement froide; en vérité, je ne pus proférer une seule parole, à cause de la violence du froid. Il comprit cela, sourit et me tendit la main; *après quoi*, je m'en retournai.

Deux ans après mon arrivée dans l'Inde, j'appris que les principaux de ses sujets et de ses émirs s'étaient réunis dans la plus éloignée de ses provinces, qui avoisine la Chine et où se trouvaient la plus grande partie de ses troupes. Il prêtèrent serment à un de ses cousins nommé Bouzoun-Oghli (2). Bouzoun était musulman; mais c'était un homme impie et méchant. Les Tartares le reconnurent pour roi et déposèrent Thermachirin, parce que ce dernier avait agi contrairement aux préceptes de son aïeul, le maudit Tenkiz, celui-là même qui a dévasté les contrées musulmanes. Tenkiz avait composé un livre contenant ses lois, et qui est appelé, chez ces peu-

(1) Cf. sur le mot *semour*, Dozy, *Opus supra laudatum*, p. 355, note *a*.

(2) Trois de nos mss. (909, 910 et 911) ajoutent ici : Tous les fils de roi sont appelés par les Turcs Oghli.

ples, Al-Iaçak(1). Il est d'obligation pour les Tartares de déposer tout prince qui désobéit aux prescriptions de ce livre. Parmi ces préceptes, il y en a un qui leur commande de se réunir une fois tous les ans. On appelle ce jour *Thoï*(2), c'est-à-dire, jour de festin (*iaum-addhiafet*). Les descendants de Tenkiz et les émirs viennent à cette réunion, de tous les points de l'empire. Les *khatoun* et les principaux officiers de l'armée y assistent *aussi*. Si le sultan a changé quelque chose aux prescriptions de Tenkiz, les chefs des Tartares s'approchent de lui et lui disent : « Tu as fait tel changement et tu t'es conduit ainsi. Il est devenu nécessaire de te déposer. » Ils le prennent par la main, le font descendre de son trône et y placent un autre descendant de Tenkiz. Si un des principaux émirs a commis une faute dans son gouvernement, ils prononcent contre lui la peine qu'il a méritée.

Le sultan Thermachirin avait abrogé la coutume de cette réunion. Les Tartares supportèrent avec beaucoup de peine cette conduite du sultan. Ils lui reprochaient aussi d'avoir séjourné quatre ans *de suite* dans la portion de ses états contiguë au Kho-

(1) Notre auteur a encore fait mention du Iaçak, ou code de Djenguiz-Khan, dans la seconde partie de sa relation; Voy. le ms. 907, fol. 90 r., ou le ms. 910, fol. 135 v.

(2) Le même mot se retrouve dans ce passage de la seconde partie de la relation d'Ibn-Batoutah. « Le grand émir Corthaï, émir des émirs de la Chine, nous traita dans son palais et nous donna un festin, ou, comme disent ces peuples, un thowaï. » Ms. 907, fol. 88 v., ou ms. 910, fol. 136 v.

raçan, et de n'être pas venu dans la portion qui touche à la Chine. Il est d'usage que le roi se rende chaque année dans ces régions, qu'il examine leur situation et l'état des troupes qui s'y trouvent; car c'est de là que leurs rois sont originaires. Leur capitale est la ville d'Almalik.

Lorsque les Tartares eurent prêté serment à Bouzoun, il se mit en marche avec une armée considérable. Thermachirin craignit quelque complot de la part de ses émirs; il ne se fia point à eux, et monta à cheval, accompagné de quinze cavaliers *seulement*, afin de gagner la province de Ghaznah, qui faisait partie de son empire. Le vice-roi de cette province était le principal de ses émirs et son confident, Boronthaïh (1). Cet émir aime l'islamisme et les musulmans; il a construit dans son gouvernement environ quarante ermitages, où l'on distribue des aliments aux voyageurs. Il commande à une armée nombreuse. Je n'ai pas rencontré, parmi tous les mortels que j'ai vus dans toute l'étendue de l'univers, un homme d'une stature plus élevée que la sienne.

Lorsque Thermachirin eut traversé le fleuve Djihoun, et qu'il eut pris le chemin de Balkh, il fut vu d'un Turc, au service de Ianki, fils de son frère Kébek. Or le sultan Thermachirin avait tué son frère Kébek. Le fils de ce prince, Ianki, restait à Balkh. Lorsque le Turc l'informa de la rencontre

(1) Je suis pour ce mot la prononciation indiquée ci-dessous par notre voyageur, à l'article de la ville de Perwan.

de son oncle, il dit : « Il ne s'est enfui qu'à cause de quelque affaire grave qui lui sera survenue. » Il monta à cheval avec ses officiers, se saisit de Thermachirin et l'emprisonna.

Cependant Bouzoun arriva à Samarcand et à Bokhara, dont les habitants le reconnurent pour souverain. Ianki lui amena Thermachirin. On raconte que quand ce prince fut arrivé à Nécef, près de Samarcand, il y fut mis à mort et y fut enseveli. Le chéikh Chems-Eddin-Guerden-Burida est le desservant de son mausolée. On dit aussi que Thermachirin ne fut pas tué, ainsi que nous le raconterons ci-dessous. *Guerden* signifie cou(1) et *Burida* (*burideh*), coupé. Ce chéikh fut appelé de ce nom, à cause d'une blessure qu'il avait reçue au cou; je parlerai de lui ci-après.

Lorsque Bouzoun fut devenu roi, le fils du sultan Thermachirin, Béchaï-Oghoul (2), sa sœur et le mari de celle-ci, Firouz, s'enfuirent à la cour du roi de l'Inde. Il les traita avec considération, et leur assigna un rang élevé, à cause de l'affection et des relations amicales qui existaient entre lui et Thermachirin, à qui il donnait le titre de frère. Un habitant du Sind se présenta et prétendit être Ther-

(1) *Onk.* J'ai préféré cette leçon, qui est donnée par un seul ms. (nº 910), à celle des trois autres exemplaires : *Ghabir.* La vraie signification du mot persan Guerden est celle de *cou.* Quant au mot Ghabir, il signifie, d'après Freytag: Male sanato vulnere semper recrudescens vena.

(2) Ms. 910 : Oghli.

machirin. Les hommes furent d'opinions différentes touchant ce qui le regardait. Imad-al-Mulc Sertiz (1), affranchi du roi de l'Inde et vice-roi du Sind, apprit cela. Il était appelé Mélic-Arz (le roi des revues); car c'était devant lui que les troupes de l'Inde passaient en revue, et il en avait le commandement. Il résidait à Moltan, capitale du Sind. Il envoya près de cet individu quelques Turcs qui avaient connu Thermachirin. Ils revinrent et dirent à Sertiz que cet homme était vraiment Thermachirin. *Sur ce rapport*, Sertiz ordonna d'élever pour lui une tente (2). Elle fut dressée en dehors de la ville.

(1) J'ai cru devoir lire ainsi, avec le ms. 910, quoique la dernière lettre de ce mot ressemble plutôt à un *noun* (*n*) qu'à un *za* (*z*), dans plusieurs de nos mss. Il est encore question de cet émir au commencement de la deuxième partie de la relation d'Ibn-Batoutah, et celui de nos mss. qui, comme M. de Slane l'a démontré (*Journal asiatique*, IVe série, t. I, p. 242 et suiv.), est l'autographe d'Ibn Djozaï, porte Sertiz, en ajoutant toutefois que la dernière lettre est un *noun* (ms. 907, fol. 1 v.). Mais comme il traduit le mot *tin* (*sic*) par *alhadd* (*tranchant*, *aigu*, *prompt*, *impétueux*), il est bien évident qu'il faut lire *tiz*, au lieu de *tin*, avec une autre copie (ms. 909, fol. 111 v.). Le nom composé Sertiz signifie, comme Ibn Batoutah lui-même le fait observer, « Qui a la tête prompte. »

(2) Notre auteur se sert ici du mot persan *al-seratcheh*, qu'il explique par *afradj*. Telle est du moins la leçon de nos quatre mss. Dans un autre passage (ms. 910, fol. 66 r., ms. 909, fol. 91 r.) on lit ce qui suit : « Ils dressèrent trois tentes (*kibab*) contiguës les unes aux autres. L'une d'elles était en soie de diverses couleurs et magnifique, les deux autres, en toile de lin. Ils les entourèrent d'une *seradjeh*, qui est appelée chez nous *afradj*. » Il paraîtrait, d'après cette dernière phrase, qu'Ibn Batoutah a voulu désigner par les mots *sèratcheh* et *afradj*, ce qu'on appelle

Sertiz fit, pour recevoir cet individu, les préparatifs que l'on fait ordinairement pour les princes. Il sortit à sa rencontre, mit pied à terre devant lui, le salua et le conduisit respectueusement à la *séradjeh*, où cet homme entra à cheval, selon la coutume des rois. Personne ne douta que ce ne fût Thermachirin. Il envoya annoncer son arrivée au roi de l'Inde. Le roi dépêcha près de lui ses émirs, afin qu'ils l'accueillissent comme un hôte.

Il y avait au service du roi de l'Inde un médecin qui avait précédemment servi Thermachirin, et qui était le premier des médecins de l'Inde. Il dit au roi : « J'irai trouver cet homme, et je saurai si ses prétentions sont fondées. J'ai soigné un ulcère que Thermachirin avait au-dessous du genou, et dont la cicatrice est restée visible. Je connaîtrai la vérité par ce moyen. » Ce médecin alla donc trouver le nouveau venu, et se joignit aux émirs qui étaient chargés de le recevoir. Il fut admis en sa présence et resta assidûment près de lui, à la faveur de

maintenant en Perse canat ou seraperdeh, c'est-à-dire une enceinte de toile, le plus souvent de couleur rouge, formant un carré long et servant à entourer les tentes du roi et des grands. Voy. Sir H. Jones Brydges, *An account*, etc., t. I, p. 237; J. Ed. Alexander, *Travels*, p. 200, 202, 205; et Morier, *second Journey*, p. 238, note, où on lit fautivement *serperdeh*. *Seraperdeh* a pour synonyme *perdeh sera*. Ce mot a été peu exactement rendu par « le camp », dans la *Notice sur le Matlaa Assaadeïn*, par M. Quatremère, p. 35 — J'ai encore trouvé le mot *afradj* dans un autre endroit d'Ibn Batoutah (ms. 910, fol. 69 r., ms. 909, fol. 95 v.), où il est traduit par vithak, mot qui signifie 1° une tente, 2° un assemblage de tentes, un camp.

leur ancienne connaissance ; *enfin*, *un jour*, il palpa ses pieds et découvrit la cicatrice. Cet homme lui fit des reproches et lui dit : « Tu veux regarder l'ulcère que tu as guéri ; en voici la place. » En même temps, il lui fit voir la cicatrice. Le médecin connut par là, à n'en plus douter, que cet homme était Thermachirin. Il retourna près du roi de l'Inde et lui annonça cette nouvelle.

Quelque temps après, le visir Khodjah-Djihan-Ahmed, fils d'Aïas (1), et le chef des émirs, Cothlou-Khan, qui avait été précepteur du sultan, dans son enfance, allèrent trouver le roi de l'Inde et lui dirent : « O Seigneur du monde, ce sultan Thermachirin est arrivé ; il est véritable que cet homme est bien le sultan. Il y a ici environ 40,000 de ses sujets, son fils et son gendre. Est-ce que tu juges à propos qu'ils se joignent à lui ? Quelle conduite tiendrons-nous ? » Ce discours fit impression sur le sultan ; il ordonna d'amener Thermachirin en toute hâte. Lorsque ce prince parut devant le sultan, il reçut l'ordre de lui témoigner son respect, comme tout le monde, et fut traité sans considération. Le sultan lui dit : « O fils d'une prostituée (2) (ce qui

(1) 908 Khodjah-Djihan, fils d'Ahmed, etc. ; 911 Khodjah-Ahmed, fils d'Aïas.

(2) Nos quatre mss. portent : *Ia Mâdzir Kâcir* ; ce qui ne peut guère signifier autre chose que : O homme sordide et négligent. Ce sens ne me paraissant pas justifier suffisamment l'observation d'Ibn Batoutah, je soumis mes doutes à mon savant ami, M. R. Dozy, et voici la réponse qu'il a bien voulu me faire à ce sujet : « Ce qui me paraît hors de doute, c'est que les mots

est un reproche déshonorant)! comme tu mens! Tu dis que tu es Thermachirin, tandis que ce prince a été tué et que voici le desservant (*Khadim*) de son mausolée. Par Dieu, sans la crainte de commettre un crime, certes, je te tuerais. Qu'on lui donne, ajouta-t-il, cinq mille dinars, qu'on le conduise à la maison de Béchaï-Oghoul et de sa sœur, les deux enfants de Thermachirin, et qu'on leur dise : Cet imposteur prétend être votre père. » Cet homme alla donc trouver le prince et sa sœur; ils le reconnurent et il passa la nuit près d'eux, surveillé par des gardiens. Le lendemain matin, il fut tiré de cette maison; le prince et la princesse craignirent qu'on ne les fît périr, à cause de cet homme. *En conséquence*, ils le désavouèrent *pour leur père*. Il fut exilé de l'Inde et du Sind, et prit le chemin de Kidj et du Mécran. Les habitants des provinces situées sur sa route lui témoignaient du respect, lui donnaient l'hospitalité et lui faisaient des présents. Il arriva à Chiraz. Le prince de cette ville, Abou-Ishac, le traita avec considération, et lui assigna une somme pour son entretien. Lorsque j'entrai dans Chiraz, à mon retour de l'Inde, on me dit que cet homme était encore vivant. Je voulus le voir;

la Madzir Kacir ne sont point arabes; sans cela, pourquoi Ibn Batoutah aurait-il ajouté qu'ils contiennent une injure grossière? Ses lecteurs entendaient assez l'arabe pour s'en apercevoir, sans qu'il se donnât la peine de le dire. *Madzir* ou *madzer* est sans doute *mader*, mère, en persan, et *cacir* est peut-être *gan* ou *gani*. En tout cas, il y a, je crois : « O toi, fils d'une prostituée! » ou quelque chose de semblable.

mais je ne le fis pas, parce qu'il demeurait dans une maison dans laquelle personne n'entrait sans la permission du sultan Abou-Ishac, et que je craignis les conséquences de cette visite. Dans la suite je me repentis de ne l'avoir pas vu.

Mais revenons à Bouzoun.

Lorsque ce prince se fut emparé de la royauté, il tourmenta les musulmans, traita injustement ses sujets, et permit aux chrétiens et aux juifs de réparer leurs temples. Les musulmans ne purent s'opposer à cela; et ils attendaient *impatiemment* que quelque revers vînt atteindre Bouzoun. La conduite tyrannique de ce prince arriva à la connaissance de Khalil, fils du sultan Yaçavour, celui-là même qui avait été vaincu dans sa tentative pour s'emparer du Khoraçan (1). Il se rendit près du roi d'Hérat, qui était le sultan Hoceïn, fils du sultan Ghaïath-Eddin-al-Ghouri, lui révéla ses projets et le pria de l'aider d'hommes et d'argent, à condition qu'ils partageraient entre eux les conquêtes qui seraient faites. Le roi Hoceïn fit partir avec lui une armée considérable. Entre Hérat et Termed, il y a neuf jours de distance. Lorsque les émirs musulmans apprirent l'arrivée de Khalil, ils vinrent lui faire leur soumission et lui témoigner leur désir de combattre les infidèles. Le premier qui vint le trouver fut Ala-Eddin-Khodavend-Zadeh, prince de Ter-

(1) On peut voir sur Yaçavour, le savant ouvrage de M. d'Ohsson, *Histoire des Mongols*, t. IV, p. 564, 565, 567, 568, 605, 606, 607, 608, 612, 613, 615 à 629, 643, 644.

med. C'était un émir puissant, un descendant de Mahomet par Hoceïn. Il joignit Khalil avec 400 musulmans. Khalil fut joyeux de son arrivée, l'investit du vizirat et lui confia l'exercice de son autorité. Ala-Eddin était au nombre des hommes les plus braves. D'autres émirs vinrent de toutes parts se joindre à Khalil. Il en vint aux mains avec Bouzoun. Les troupes de celui-ci passèrent du côté de Khalil et lui livrèrent Bouzoun. Khalil le fit étrangler avec des cordes d'arc. Car c'est leur coutume de ne pas faire périr les fils de rois, sinon par strangulation. Le royaume tout entier fut soumis à Khalil. Il passa ses troupes en revue, à Samarcand. Elles montaient à 80,000 hommes, couverts de cuirasses et dont les chevaux étaient bardés de fer. Il congédia l'armée avec laquelle il était venu d'Hérat, et marcha vers Almalik. Les Tartares mirent à leur tête un des leurs, et rencontrèrent Khalil, à la distance de trois journées de marche d'Almalik, dans le voisinage de Tharaz (1). Le combat fut chaud, et les deux armées tinrent ferme. L'émir Khodavend-Zadeh, vizir de Khalil, fit, à la tête de 20,000 Musulmans, une charge à laquelle les Tartares ne purent résister. Ils furent mis en déroute et eurent un grand nombre de morts. Khalil s'arrêta trois jours à Almalik, et en sortit pour exterminer ceux des Tartares qui avaient survécu. Ils se soumirent à lui. Alors il s'avança jusqu'à la frontière du Khata et de

(1) Les mss. 908, 909 et 910 portent Othraz; le ms. 911, Othrar. J'ai cru devoir lire Taraz.

la Chine, et conquit les villes de Caracoroum et de Fichbaligh. Le sultan de la Chine envoya contre lui des troupes. Dans la suite la paix fut conclue entre eux. La puissance de Khalil devint considérable. Les *autres* rois le craignirent ; il montra de l'équité, plaça des troupes à Almalik, y laissa son vizir Khodavend-Zadeh, et retourna à Samarcand et à Bokhara.

Par la suite, les Turcs voulurent exciter du désordre. Ils calomnièrent le vizir près de Khalil, et prétendirent qu'il avait l'intention de se révolter et disait qu'il était plus digne du trône que Khalil, à cause de sa parenté avec le prophète, de sa libéralité et de sa bravoure. Khalil envoya un vice-roi à Almalik en remplacement du vizir, et ordonna à celui-ci de venir le trouver avec un petit nombre de personnes. Dès qu'il fut arrivé, il le tua sans plus ample information. Ce meurtre fut le motif de la ruine de son royaume. Lorsque l'autorité de Khalil fut devenue considérable, il se révolta contre le prince d'Hérat, qui l'avait fait hériter du trône et lui avait fourni des troupes et de l'argent. Il lui écrivit de faire la *khotbah* en son nom, dans le royaume d'Hérat, et de frapper à son coin la monnaie d'or et d'argent. Cette conduite mécontenta fort Mélic Hoceïn ; il fit à Khalil une réponse grossière. Khalil se prépara à combattre. Mais les troupes musulmanes ne le secoururent pas, et le jugèrent rebelle à son bienfaiteur. Cette nouvelle parvint à Mélic Hoceïn. Il fit marcher son armée sous le commandement de son cousin germain Mélic Verna. Les deux armées en vinrent aux mains. Khalil fut mis en déroute, fait prisonnier et mené à Mélik Hoceïn. Ce prince lui accorda la vie, le logea dans un palais, lui donna une jeune esclave et lui assigna une pension. C'est dans cet état que je le laissai, à la fin de l'année 747 (de J. C. 1346-1347), lors de ma sortie de l'Inde.

Mais revenons à notre sujet.

Lorsque j'eus fait mes adieux au sultan Termachirin, je me dirigeai vers la ville de Samarcand, une des plus grandes et des plus belles cités du monde. Elle est bâtie sur les bords d'une rivière nommée rivière des Foulons (*Wadil-cassarin*), et couverte de machines hydrauliques, qui arrosent des jardins. C'est près de cette rivière que se rassemblent les habitants de la ville, après la prière de *l'asr*, pour se divertir et se promener. Ils ont des estrades (*meçathib*) et des siéges pour s'asseoir, et des boutiques où l'on vend des fruits et d'autres aliments. Il y avait *aussi* sur les bords de la rivière des palais considérables qui, *par leur hauteur*, annonçaient l'élévation de l'esprit des habitants de Samarcand. La plupart sont ruinés. Une grande partie de la ville a été aussi dévastée. Elle n'a pas de murailles ni de portes. Les jardins se trouvent compris dans l'intérieur de la ville. Les habitants de Samarcand possèdent des qualités généreuses, et ont de l'amitié pour les étrangers; ils valent mieux que ceux de Bokhara. Près de Samarcand, est le tombeau de Gotsam, fils d'Abbas, fils d'Abd-al-Mottalib, qui fut tué lors de la conquête de cette ville par les musulmans. Les habitants de Samarcand sortent chaque nuit du dimanche au lundi et du jeudi au vendredi, pour visiter ce tombeau. Les Tartares y viennent aussi en pèlerinage, lui vouent des offrandes considérables, et y apportent des vaches, des moutons, des dirhems et des dinars. Tout cela est dépensé en faveur des voyageurs et des serviteurs de l'ermitage et du tombeau. Au-dessus de ce monument, est un dôme élevé sur quatre pilastres. A chaque pilastre sont jointes deux colonnes de marbre; il y en a de vertes, de noires, de blanches et de rouges. Les murailles du dôme sont en marbre nuancé de blanc, de bleu et de rouge (1), peint et doré. Son toit est en plomb. Le tombeau est recouvert de planches (*khachab*) (2) d'ébène, incrustées (d'or) et revêtues d'argent à leurs angles. Au-dessus de lui, sont suspendues trois lampes d'argent. Le tapis du dôme est de laine et de coton. En dehors coule un grand fleuve, qui traverse l'ermitage voisin, et sur

(1) *Almodjazza*, littéralement un *marbre dont la couleur imite celle de la conque de Vénus*. Voy. S. de Sacy, *Relation de l'Égypte*, par Abd-Allatif, p. 228. Cet illustre savant cite un passage d'un voyageur arabe où on lit, en parlant de la colonne de Pompée. .... Un marbre rouge nuancé de diverses couleurs, luisant comme la conque de Vénus de l'Arabie Heureuse, poli comme un miroir. » *Ibid.* et p. 233.

(2) Sur cette acception du mot *khachabat*, pluriel *khachab*, voyez une savante note de M. Reinhart Dozy, *Dictionnaire des vêtements*, p. 284, 285.

les bords duquel il y a des arbres, des vignes de l'espèce appelée *dévali* et des jasmins. Dans l'ermitage se trouvent des habitations où logent les voyageurs. Les Tartares, durant le temps de leur idolâtrie, n'ont rien changé à l'état de cet endroit béni ; au contraire, ils étaient contents de le posséder, à cause des miracles dont ils y étaient témoins. L'inspecteur (*An-Nazhir*) de ce sépulcre béni et de ce qui lui est contigu, lorsque nous y logeâmes, était l'émir Ghaïats-Eddin-Mohammed, fils d'Abd-al-Cadir, fils d'Abd-al-Aziz, fils d'Ioucef, fils du khalife Al Mostancir-Billah, l'Abbasside. Le sultan Thermachirin l'éleva à cette dignité, lorsqu'il arriva de l'Irac à sa cour. Mais il se trouvait alors près du roi de l'Inde ; il sera *encore* fait mention de lui *ci-après*. Je vis à Samarcand le cadhi de cette ville, appelé chez les Tartares Sadr-al-Djihan. C'est un homme vertueux et doué de belles qualités. Il se rendit dans l'Inde après moi, et mourut dans la ville de Moltan, capitale du Sind.

Anecdote.

Lorsque ce cadhi fut mort à Moltan, le secrétaire chargé d'annoncer au roi les nouvelles (*Sahib-al-Khaber*) lui écrivit cet événement, et lui apprit que ce personnage était venu dans l'intention de visiter sa cour, mais que la mort l'en avait empêché A cette nouvelle, le roi ordonna d'envoyer à ses enfants je ne me rappelle plus combien de milliers de dinars, et de compter à ses serviteurs ce qu'il leur aurait donné, s'ils étaient arrivés à la cour, avec leur maître vivant. Le roi de l'Inde a, dans chaque ville de ses États, un correspondant (*Sahib-al-Khaber*), qui lui écrit tout ce qui se passe dans cette ville, et lui annonce tous les étrangers qui y arrivent. Lorsqu'un de ceux-ci arrive, on écrit de quel pays il vient; on prend note de son nom, de son signalement, de ses vêtements, de ses compagnons, du nombre de ses chevaux et de ses serviteurs, de quelle manière (1) il s'assied et il mange, en un mot, de toute sa manière d'être, de ses occupations et des qualités ou des défauts qu'on remarque en lui. Le voyageur n'arrive à la cour que lorsque le roi connaît tout ce qui le regarde. Les largesses que le prince lui fait sont proportionnées à son mérite.

Nous partîmes de Samarcand et nous traversâmes la petite ville de Nécef (2), à laquelle doit son nom

(1) Sur ce sens du mot *heïaat*, Cf. Dozy, *Dictionnaire détaillé*, p. 9, note. Notre passage s'y trouve cité. Cf. aussi un autre endroit d'Ibn-Batoutah, ms. 907, fol. 2 r., lignes 7 et 8.

(2) Ibn-Batoutah distingue ici Nécef de Nakhcheb (Voy. ci-dessus, pag. 31), tandis que tous les géographes orientaux considèrent ces deux noms comme désignant une seule et même ville. Soyouthi dit positivement que Nakhcheb est la même cité que Nécef (*Lobb-ellobab*, p. 261, 262). Sadik Isfahani affirme que Nécef est le nom persan de Nakhcheb. Il ajoute que cette ville est aussi appelée Karchi par les Turcs; « dans la langue mongole, Karchi signifie, dit-il, un palais; car *Kapak* (Guébek) Khan, souverain du Maveranhahr, construisit un grand palais dans cet endroit, et la ville a dû son nom de Karchi à cet édifice. » *The geographical works of Sadik Isfahani*, p. 50, 51. Cf. *ibid*, p. 143; la *Bibliothèque orientale*, *verbo* Nekhscheb, et le sultan Baber, cité dans le *Journal des Savants*, juin 1848, p. 339.

Abou-Hafs-Omar-An-Nécéfi, auteur du livre intitulé *Al-Manzhoumah* (le poëme), et traitant des questions controversées entre les quatre *fakihs*. Ensuite nous arrivâmes à la ville de Termed, qui a donné naissance à l'imam Mohammed-at-Termedi (1), auteur du *Aldjami-Al-Kebir* (la grande collection), touchant les traditions. C'est une ville traversée par des rivières et où l'on voit de nombreux jardins. Des raisins et des coings, d'une qualité supérieure, y sont fort abondants, ainsi que la viande et le lait. Les habitants lavent leur tête dans les bains chauds avec du lait, en place de terre glaise (2). Il y a chez le propriétaire de chaque bain, de grands vases remplis de lait. Lorsque quelqu'un entre dans le

(1) Mss 909 et 910 : L'Imam Abou-Iça Mohammed, fils d'Iça, fils de Sourah.

(2) Le mot que j'ai rendu par « terre glaise » est *thafl*, auquel le dictionnaire de Freytag donne le sens de *tener*, *mollis de omni re*. Mais il est évident, par notre passage même, que *thafl* a aussi le sens de *savon* ou *terre détersive*. Ce fait est mis hors de doute par un autre endroit d'Ibn-Batoutah. On lit, en effet, dans notre auteur (2e partie, § intitulé : De la terre que les Chinois brûlent en place de charbon) : « Le charbon dont font usage tous les habitants de la Chine et du Khita, consiste en une terre qui est particulière à leur pays. Cette terre est compacte comme notre terre glaise (l'exemplaire autographe, ms. 907, fol. 84 v., porte al-thifl) ; sa couleur est celle de la terre glaise ; » M. Reinaud qui a donné, ainsi que je l'ai fait observer ci-dessus (p. 97, note), une traduction abrégée de ce dernier passage, a aussi rendu *al-thafl* ou *al-thifl* par *terre glaise*. Le mot arabe de notre texte me paraît synonyme du mot persan *guil*, qui signifie une espèce d'argile ou de terre, avec laquelle les femmes dégraissent leurs cheveux. Cf. *Mouradgea d'Ohsson*, t. II, p. 61.

bain, il en prend dans un petit vase et se lave la tête avec ce lait : cela rafraîchit les cheveux et les rend lisses. Les habitants de l'Inde emploient pour leurs cheveux l'huile de sésame (*Semsem*), qu'ils appellent *As-Siradj* (1). Après quoi, ils lavent leur tête avec de la terre glaise. Cela fait du bien au corps (*c'est-à-dire*, à la peau), rend les cheveux lisses et les fait pousser. C'est par ce moyen que la barbe (*liha*) des habitants de l'Inde et de ceux qui habitent parmi eux, devient longue.

L'ancienne ville de Termed était bâtie sur les bords du Djeïhoun. Lorsque Tenkiz l'eut ruinée, la ville actuelle fut construite à deux milles du fleuve. Nous y logeâmes, dans l'ermitage du vertueux chéikh Azizan, un des principaux chéikhs, qui possède beaucoup de maisons et de jardins, dont il dépense le produit à recevoir les voyageurs. Je joignis, avant mon arrivée dans cette ville, son prince Ala-Elmulc-Khodavend-Zadeh (2). Il y envoya l'ordre de me fournir les provisions dues à un hôte. On nous les apportait chaque jour, pendant le temps de notre résidence à Termed. Je ren-

(1) *Siradj* est le *Chireh* des Persans, le *Chiredj* des Arabes. Cf. S. de Sacy, *Relation de l'Égypte*, par Abd-Allatif, p. 318. Le Père Sicard, dans un passage cité par M. Quatremère (*Mémoires sur l'Égypte*, t. I, p. 83, note), prononce sirege, qu'il traduit par *huile à éclairer*, comme si le mot *siredj* ou mieux *chiredj*, avec un yé, pouvait venir de la racine arabe *saradja*, *luxit*.

(2) C'est le même personnage qui est appelé ci-dessus (p. 28), Ala Eddin.

contrai aussi le cadhi de cette ville, Cavam-Eddin, qui était en route, afin de voir le sultan Thermachirin, et de lui demander la permission de faire un voyage dans l'Inde. Le récit de mon entrevue avec lui et avec ses deux frères, Dhia-Eddin et Borhan-Eddin, à Moltan, et du voyage que nous fîmes tous ensemble dans l'Inde, sera donné ci-dessous (1). Il sera fait aussi mention, s'il plaît à Dieu, de ses deux autres frères, Imad-Eddin et Seïf-Eddin, de ma rencontre avec eux à la cour du roi de l'Inde, de ses deux fils, de leur arrivée près du roi de l'Inde, après le meurtre de leur père, de leur mariage avec les deux filles du vizir Khodjah-Djihan, et de tout ce qui arriva *à cette occasion.*

Nous passâmes ensuite le fleuve Djeïhoun, pour entrer dans le Khoraçan, et nous marchâmes un jour et demi, dans un désert et des sables où il n'y a aucune habitation, jusqu'à la ville de Balkh, qui est déserte et inhabitée. Celui qui la voit, la pense florissante, à cause de la solidité de sa construction. Elle a été jadis considérable et étendue. Les vestiges de ses mosquées et de ses *médrecéh* subsistent encore, ainsi que les peintures de ses édifices, tracées avec de la couleur d'azur. Le vulgaire attribue la production de l'azur à la province de Khoraçan; mais on le tire seulement des montagnes de Badakhchan, qui ont donné leur nom au rubis badakchani, ou, comme l'appelle le vulgaire, Al-

(1) Voyez le ms. 910, fol. 83 v.

Balakhch (balais) (1). Cette pierre précieuse sera mentionnée ci-après, s'il plaît à Dieu.

Le maudit Tenkiz a dévasté Balkh et a démoli environ le tiers de sa (principale) mosquée, à cause d'un trésor qui, à ce qu'on lui avait rapporté, était caché sous une colonne de cette mosquée. C'est une des plus belles et des plus vastes mosquées du monde. La mosquée de Ribath-al-Feth, dans le Maghreb, lui ressemble par la grandeur de ses colonnes; mais la mosquée de Balkh est plus belle sous les autres rapports.

Anecdote.

Un historien m'a raconté que la mosquée de Balkh a été construite par une femme dont le mari, appelé Daoud, fils d'Ali, était émir (gouverneur) de Balkh pour les Bénou'l-Abbas. Il advint que le khalife se mit un jour en colère contre les habitants de Balkh, à cause d'une action qu'ils avaient commise. Il envoya dans leur ville quelqu'un chargé de leur faire payer une amende considérable. Lorsque cet officier fut arrivé à Balkh, les femmes et les enfants de la ville se rendirent près de cette femme dont il a été question plus haut, et qui était épouse de leur émir, et se plaignirent à elle de leur

(1) Cf. le *Mèçalik-al-Absar*, dans le recueil des *Notices et Extraits*, t. XIII, p. 243, 244, 246. — C'est le *balasci* ou *balaxi* de Marco Polo, édition de la Société de Géographie, 44, 45. Chardin, édition de 1723, t. V, p. 71, a confondu le pays de Badakhchan ou, comme il écrit, Balacchan, avec le Pégu.

situation et de l'amende qui leur était imposée. Elle envoya à l'émir qui était venu pour les mettre à l'amende, un vêtement brodé de perles, à elle appartenant, et dont la valeur surpassait la somme que l'émir avait reçu l'ordre de leur faire payer. Elle lui dit, *en même temps :* « Porte ce vêtement au khalife, car je le donne comme une offrande en faveur des habitants de Balkh, à cause de leur triste situation. » Cet émir alla trouver le khalife, jeta le vêtement devant lui et lui raconta ce qui s'était passé. Le khalife fut honteux, et dit : « Est-ce que cette femme sera plus généreuse que nous? » Il ordonna à l'émir de dispenser de l'amende les habitants de Balkh, et de retourner dans cette ville, afin de rendre à la femme du gouverneur son vêtement. En outre, il remit aux Balkhiens le tribut d'une année. L'émir revint à Balkh, se rendit à la demeure de la femme du gouverneur, lui répéta ce qu'avait dit le khalife, et lui rendit le vêtement. Elle lui dit : « Est-ce que l'œil du khalife est tombé sur cet habillement. » Il répondit : « Oui. » « En ce cas, reprit-elle, je ne revêtirai point un habit sur lequel est tombé le regard d'un homme qui n'est ni mon mari, ni mon frère, ni mon père. » Elle ordonna de le vendre, et c'est avec le prix qu'on en retira que furent bâtis la mosquée, l'ermitage et un caravansérail (*ribath*), situé vis-à-vis de la mosquée, et construit avec les pierres appelées *kiddan* (1). Ce

(1) Ce mot manque dans nos dictionnaires, mais il est expliqué dans le *Camous* par pierre tendre comme l'argile. Cf. un

dernier est encore en bon état. Il resta un tiers du prix du vêtement. On raconte que la femme du gouverneur ordonna d'ensevelir cette somme sous une des colonnes de la mosquée, afin qu'on pût s'en servir en cas de besoin.

Tenkiz fut instruit de cette histoire ; il ordonna de renverser les colonnes de la mosquée. Environ le tiers fut abattu ; mais on ne trouva rien. Le reste fut épargné.

En dehors de Balkh se trouve un tombeau, qu'on dit être celui d'Okkachah, fils de Mihçan Alaçadi, compagnon de Mahomet, celui-là même qui entrera dans le paradis, sans avoir de compte à rendre, au jour du jugement. Au-dessus de ce tombeau s'élève un ermitage vénéré, dans lequel nous logeâmes. Près de l'ermitage on voit un superbe étang, ombragé d'un grand noyer, à l'abri duquel les voyageurs s'arrêtent pendant l'été. Le cheikh de cet ermitage est appelé Alhadjdj - Khord, c'est-à-dire, le Petit. C'est un homme vertueux. Il monta à cheval avec nous, et nous fit voir les mausolées de la ville, parmi lesquels on remarque celui d'Hezekil (Ézéchiel), le prophète, qui est surmonté d'un beau dôme. Nous visitâmes, à Balkh, un grand nombre de tombeaux d'hommes de bien, que je ne me rap-

passage d'Ibn Djobaïr, publié par M. Amari, *Journal Asiatique*, cahier de décembre 1845, et la note de l'éditeur, cahier de mars 1846, p. 224; Abdolwahid-al-Marrekochi, *Histoire des Almohades*, édition de M. R. Dozy, p. 201 ; et enfin, une note de M. Tornberg sur le *Kartas*, p. 370 (des notes).

pelle plus à présent. Nous vîmes la maison d'Ibrahim, fils d'Adhem (1). C'est une maison considérable, construite en pierres de couleur blanche et semblables au kiddan. Les grains de l'ermitage y étaient déposés, et elle avait été fermée à cause de cela. On n'y entre pas. Elle est située dans le voisinage de la mosquée *djami*.

Nous partîmes de Balkh, et nous marchâmes pendant sept jours, dans les montagnes du Couhistan. On y trouve des villages nombreux, bien peuplés, arrosés d'eaux courantes et plantés d'arbres verdoyants, dont la plupart sont des figuiers. Il y a un grand nombre d'ermitages, habités par des hommes pieux, qui se sont retirés dans le commerce de Dieu. Au bout de ce terme, nous arrivâmes à la ville d'Hérat, la plus grande des villes encore florissantes dans le Khoraçan. Il y a quatre grandes villes dans le Khoraçan : deux florissantes, Hérat et Niçabour et deux en ruines, Balkh et Merve. Hérat est étendue et très-peuplée ; ses habitants sont vertueux, chastes et dévots ; ils professent la doctrine de l'imam Abou-Hanifah. Leur ville est exempte de désordre.

Du sultan d'Hérat.

Le sultan illustre Hoceïn, fils du sultan Ghaïats-Eddin-al-Ghouri, est doué d'une bravoure recon-

(1) Voyez sur ce personnage, la *Bibliothèque orientale*, *verbo* Adham, et le *Pend Nameh* ou *le livre des conseils*, par S. de Sacy, p. 226, 227.

nue, et il est l'objet de la faveur divine. Il a reçu des preuves du secours et de l'assistance de Dieu, preuves bien capables d'exciter (*littéralement* d'exiger) l'admiration, notamment lors de la rencontre de son armée avec le sultan Khalil, qui s'était révolté contre lui, et qui finit par devenir son prisonnier. La seconde bataille, dans laquelle il fut également favorisé de Dieu, fut celle qu'il livra en personne à Maçoud, sultan des Rafédhites, et qui se termina par la ruine de la puissance de Maçoud, par sa fuite et par la perte de ses trésors. Le sultan Hoceïn monta sur le trône après la mort de son frère, nommé Al-Hafizh, qui lui-même avait succédé à leur père Ghaïats-Eddin.

Histoire des Rafédhites.

Il y avait dans le Khoraçan deux hommes appelés l'un Maçoud et l'autre Mohammed, et qui avaient cinq compagnons audacieux. Ils étaient connus dans l'Irac sous le nom de *Chottar* (brigands, voleurs); dans le Khoraçan, sous celui de Serbédars (1); et

(1) Nos trois mss. (le ms. 911 présente ici une lacune de plusieurs pages) portent Sérabdalan. Je n'ai pas hésité à lire Serbédar. On fera bien de comparer ce que dit ici notre auteur avec d'Herbelot, *Bibliothèque orientale*, *verbo* Sarbedar; M. d'Ohsson, *Histoire des Mongols*, t. IV, p. 738-9, et surtout avec le récit plus détaillé du biographe persan Daûlet-chah. Voyez le recueil des *Notices et Extraits des manuscrits*, t. IV, p. 251-256. (A cette dernière page, ligne 4, il faut lire Khabouchan, au lieu de Djénouschan).

enfin, dans le Maghreb, sous celui de *Saccouret* (*leno*, *curruca*).

Tous sept convinrent de se livrer au désordre, d'intercepter les chemins et de piller l'argent des habitants. Le bruit de leurs excès se répandit; ils établirent leur séjour dans une montagne inexpugnable, située au voisinage de la ville de Beïhac, appelée aussi Sebzévar (1). Ils se plaçaient en embuscade pendant le jour, en sortaient le soir et durant la nuit, fondaient sur les villages, coupaient les communications et s'emparaient des richesses des habitants. Les méchants et les malfaiteurs, leurs pareils, vinrent en foule se joindre à eux; leur nombre devint considérable et leur puissance augmenta. Les hommes les craignaient. Ils fondirent sur la ville de Beïhac et la prirent. Puis ils s'emparèrent d'autres villes, acquirent de l'opulence, rassemblèrent des troupes et se procurèrent des chevaux. Maçoud prit le titre de sultan. Les esclaves commencèrent à s'enfuir *de la maison* de leurs maîtres, et à se retirer près de lui. Chacun de ces esclaves fugitifs recevait de lui un cheval et de l'argent; et s'il montrait de la bravoure, Maçoud le nommait *émir* (chef d'un détachement. Son armée devint nombreuse et sa puissance, considérable. Tous ses partisans penchèrent vers la doctrine des

(1) Nos trois mss. (n°s 908, 909, 910) portent Sebzar. D'après des passages de géographes orientaux que j'ai cités ailleurs (*Journal Asiatique*, N[os] de nov. et déc. 1846, p. 460, note, et N° de janvier 1847, p. 92), Sebzévar était la ville principale du canton de Beïhac.

chiites, et entreprirent d'extirper les Sonnites du Khoraçan, et de ramener cette province à l'unité de croyance. Il y avait, à Mechched-Thous, un chef Rafédhite, nommé Hoceïn (1), qui était considéré par eux comme un homme pieux. Il les assista dans leur entreprise, et ils le proclamèrent khalife; il leur ordonna d'agir avec équité. Ils firent paraître une si grande probité, que des dinars et des dirhems tombaient à terre dans leur camp, et que personne ne les ramassait, jusqu'à ce que leur propriétaire survînt et les ramassât. Ils s'emparèrent de Niçabour. Le sultan Thogaïtomour envoya contre eux des troupes. Ils les mirent en déroute. Le sultan fit alors marcher son *naïb* Arghoun-Chah, qui fut vaincu et fait prisonnier. Ils le traitèrent avec bonté. Thogaïtomour les combattit en personne, à la tête de cinquante mille Tartares (2); mais ils le défirent, s'emparèrent de plusieurs villes, entre autres de Sarakhs, de Zaveh (3), de Thous, une des principales villes du Khoraçan. Ils établirent leur khalife dans le *mechched* (mausolée) d'Ali, fils de Mouça, Ar-Ridha. Ils prirent aussi la ville de Djam et campèrent tout auprès, avec l'intention de marcher contre Hérat, dont ils n'étaient qu'à six journées de distance.

(1) Ce chéikh est appelé par Daulet-chah, Haçan Djouzi. *Notices et Extraits*, *loc. laud*, p. 255.

(2) Soixante-dix mille, d'après Daulet-chah, *dicto loco*.

(3) Nos trois mss. portent ici Al-révah, ce qui est une leçon évidemment fautive.

Lorsque cette nouvelle parvint à Mélik-Hoceïn, il rassembla les émirs, les troupes et les habitants de la ville, et leur demanda s'ils étaient d'avis d'attendre l'ennemi en dedans des murs, ou de marcher à sa rencontre et d'engager le combat. L'avis général fut de sortir contre l'ennemi. Les habitants d'Hérat forment une tribu appelée Ghouriens. On dit qu'ils sont originaires du canton de Ghour (1), en Syrie. Ils firent leurs préparatifs et se réunirent de toutes parts, car ils étaient domiciliés dans les villages situés dans la plaine de Badghis (2). Cette plaine a une étendue de quatre journées; son gazon reste toujours vert; c'est là que paissent les bêtes de somme et les chevaux des Ghouriens. La plupart des arbres qui l'ombragent sont des pistachiers, dont les fruits s'exportent dans l'Irac (3).

Les habitants de la ville de Semnan secoururent ceux d'Hérat. Ils marchèrent tous ensemble contre les Rafédhites, au nombre de 120,000, tant cavaliers que fantassins. Le roi Hoceïn les commandait. Les

(1) « Le Gaur est cette partie de la Syrie qu'arrose le Jourdain, et qui est située entre les montagnes qui renferment à une certaine distance, à l'est et à l'ouest, le cours de ce fleuve. » S. de Sacy, *Relation de l'Egypte*, par Abd-Allatif, p. 84, note 42.

(2) Nos mss. portent Merghis, leçon évidemment fautive.

(3) On lit ce qui suit, dans le *Nozhet-el-Coloub* (ms. de Schulz, ch. XVII) : « Dans le pays de Badghis, il y a un bois long de cinq parasanges environ, et dont tous les arbres sont des pistachiers. On s'y rend des autres contrées, dans la saison des pistaches; chacun en cueille pour son compte, les transporte dans les autres provinces et les y vend. »

Rafédhites se réunirent au nombre de 150,000 cavaliers. La rencontre eut lieu dans la plaine de Bouchindj. Les deux armées tinrent ferme d'abord; mais ensuite les Rafédhites eurent le dessous. Leur sultan Maçoud prit la fuite. Mais leur khalife Hoceïn tint bon, avec 20,000 hommes, jusqu'à ce qu'il fut tué, ainsi que la plupart de ses soldats; 4,000 autres furent faits prisonniers. Quelqu'un qui assista à cette bataille, m'a conté que l'action commença au moment où le soleil brille de tout son éclat, et que la fuite des Serbédariens eut lieu vers le coucher de cet astre. Après l'heure de midi, le sultan Hoceïn mit pied à terre et pria. On lui apporta ensuite de la nourriture. Lui et les principaux de ses compagnons mangèrent, tandis que les autres décapitaient les prisonniers.

Après cette grande victoire, Hoceïn retourna dans sa capitale. Dieu se servit des mains de ce prince pour faire triompher les Sonnites, et éteindre le feu du désordre. Cette rencontre eut lieu après ma sortie de l'Inde, en l'année 748.

Un homme, du nombre des dévots, des gens de bien et de mérite, nommé Mevlana-Nizam-Eddin, avait passé sa jeunesse à Hérat. Les habitants de cette ville l'aimaient et avaient recours à ses avis. Il les prêchait, et leur adressait des exhortations. Ils convinrent avec lui de réformer les actes réprouvés par la loi. Le *Khatib* de la ville, nommé Mélik-Verna, cousin-germain du roi Hoceïn et marié à la veuve de son père, se ligua avec eux pour cet objet.

C'était un des plus beaux des hommes, physiquement et moralement; le roi le craignait. Dès que ces individus apprenaient un acte défendu par la loi, lors même qu'il avait été commis chez le roi, ils le réformaient.

Anecdote.

On m'a raconté qu'ils reçurent un jour avis qu'un acte contraire à la loi s'était passé dans le palais de Mélic-Hoceïn; ils se réunirent, afin de le redresser. Le roi se fortifia contre eux, dans l'enceinte de son palais. Ils se rassemblèrent près de la porte de cet édifice, au nombre de 6,000 hommes. Le roi eut peur d'eux; il fit venir le *fakih* et les grands de la ville. Or, il venait de boire du vin; ils exécutèrent sur lui, dans son palais, la peine prescrite par la loi, et s'en retournèrent.

Événement qui fut la cause du meurtre du fakih *Nizam-Eddin.*

Le roi Hoceïn craignait les Turcs, habitants du désert voisin de la ville d'Hérat, qui avaient pour roi Thogaïtomour, dont il a été fait mention ci-dessus, et qui étaient au nombre d'environ 50,000 hommes. Il leur faisait des présents chaque année et les caressait. Mais après qu'il eut vaincu les Rafédhites, il traita ces Turcs comme ses sujets. Ils avaient coutume de venir à Hérat, et souvent ils y buvaient du vin, ou bien un d'eux y venait étant ivre. Or Nizam-Eddin punissait, d'après les termes de la loi, ceux des Turcs qu'il rencontrait ivres. Ces Turcs étaient des gens braves et audacieux; ils ne cessaient d'attaquer à l'improviste les villes de l'Inde, et de faire captifs ou de massacrer leurs habitants. Souvent ils faisaient prisonnière quelque Musulmane, qui habitait dans l'Inde, parmi les infidèles. Lorsqu'ils amenaient leurs captives dans le Khoraçan, Nizam-Eddin les retirait de leurs mains. Le signe distinctif des femmes musulmanes, dans l'Inde, consistait à ne pas se percer les oreilles, tandis que les femmes infidèles perçaient les leurs. Il advint un jour qu'un émir turc, nommé Tomouralthi, fit prisonnière une femme *musulmane* et la pressa vivement : elle s'écria qu'elle était musulmane. Aussitôt le *fakih* la retira des mains de l'émir; celui-ci en fut fortement blessé. Il monta à cheval, accompagné de plusieurs milliers de ses soldats, fondit sur les chevaux d'Hérat, qui se trouvaient dans leurs pâturages ordinaires, dans la plaine de Badghis (1) et les emmena, ne laissant aux habitants d'Hérat aucune bête qu'ils pussent monter ou traire. Les Turcs se retirèrent, avec ces animaux, sur une montagne voisine, où on ne pouvait les forcer. Le sultan et ses soldats ne trouvèrent pas de montures pour les poursuivre.

Hoceïn envoya aux Turcs un député pour les inviter à restituer les bêtes de somme et les chevaux

(1) Ici encore deux de nos exemplaires écrivent Merghis et le 3e (n° 909), Merghich.

qu'ils avaient pris, et leur rappeler les traités qui existaient entre eux. Ils répondirent qu'ils ne rendraient pas leur butin, avant qu'on leur eût livré le *fakih* Nizam-Eddin. Le sultan dit : « Il n'y a pas moyen de consentir à cela. » Le chéikh Abou-Ahmed-al-Djesti (1), descendant du chéikh al-Djesti, occupait dans le Khoraçan un rang élevé, et ses discours étaient respectés des habitants. Il monta à cheval, entouré d'un cortége de serviteurs et d'esclaves, également à cheval, et dit au *sultan* : « Je conduirai le *fakih* Nizam-Eddin près des Turcs, afin qu'ils soient apaisés par cette démarche ; puis je le ramènerai. » Les habitants étaient disposés à se conformer à ses discours ; Nizam-Eddin vit qu'ils étaient d'accord là-dessus. Il monta à cheval avec le chéikh Abou-Ahmed, et se rendit près des Turcs. Tomouralthi se leva à son approche, et lui dit : « Tu m'as pris ma femme ; » en même temps, il le frappa d'un coup de massue (*dobous*), et lui fendit la tête : il tomba mort. Le chéikh Abou-Ahmed fut tout interdit, et s'en retourna dans sa ville. Les Turcs rendirent les bêtes de somme et les chevaux qu'ils avaient pris.

Au bout d'un certain temps, ce Turc, qui avait tué le *fakih*, se rendit à Hérat. Plusieurs des compagnons du *fakih* le rencontrèrent ; ils s'avancèrent vers lui, comme pour le saluer ; mais ils avaient sous leurs vêtements des épées, avec lesquelles ils le tuèrent ; ses camarades prirent la fuite. Quelque temps après, le roi Hoceïn envoya en ambassade au-

(1) Ici et plus loin, le ms. 910 porte al-Haçani.

près du roi du Sédjistan, son cousin-germain Mélic Verna, qui était l'associé du *fakih* Nizam-Eddin, dans le redressement des actes prohibés par la loi. Lorsque ce prince fut arrivé dans le Sédjistan, le roi lui envoya l'ordre d'y rester et de ne pas revenir à sa cour; *en conséquence*, il se dirigea vers l'Inde. Je le rencontrai lorsque je sortis de ce pays, dans la ville de Siwestan, dans le Sind. C'était un homme distingué; il avait un goût inné pour l'autorité, la chasse, la fauconnerie, les chevaux, les esclaves, les serviteurs, les vêtements précieux et dignes des rois, et autres choses de même nature. La situation qu'il obtint dans l'Inde ne fut pas avantageuse; le roi de l'Inde le nomma gouverneur d'une petite ville. Un habitant d'Hérat, établi dans l'Inde, le tua dans cette ville, à cause d'une jeune esclave. On dit que le roi de l'Inde aposta son meurtrier, par suite des machinations du roi Hoceïn. Ce fut à cause de cela qu'Hoceïn rendit hommage au roi de l'Inde, après la mort de Mélic-Verna. Le roi de l'Inde lui fit des présents et lui donna la ville de Baccar, dans le Sind, dont le revenu monte chaque année à 50,000 dinars d'or.

Mais revenons à notre sujet.

Nous partîmes d'Hérat pour la ville de Djam. C'est une ville de moyenne importance, mais jolie et possédant des jardins, des arbres, de nombreuses sources et des rivières. La plupart de ces arbres sont des mûriers; la soie y abonde. On attribue la construction de cette ville au pieux et dévot Chéhab-Eddin-

Ahmed-al-Djam, dont nous raconterons l'histoire ci-après, ainsi que celle de son petit-fils, le chéikh Ahmed, connu sous le nom de *Zadeh*, qui fut tué par le roi de l'Inde, et aux enfants duquel Djam appartient actuellement ; car elle est indépendante de l'autorité du sultan, et ces individus y jouissent d'une grande opulence. Quelqu'un en qui j'ai confiance m'a raconté que le sultan Abou-Saïd, roi de l'Irac, ayant fait un voyage dans le Khoraçan, campa près de cette ville, où se trouvait l'ermitage du chéikh. Celui-ci lui donna un festin magnifique ; il distribua à chaque tente du quartier royal un mouton ; donna un mouton par quatre hommes, et fournit à chaque bête, cheval, mulet ou âne, sa provision pour une nuit. Il ne resta pas dans tout le quartier un seul animal qui n'eût reçu sa part.

Histoire du chéikh Chéhab-Eddin, à qui l'on attribue la construction de la ville de Djam.

On raconte que c'était un homme de plaisir et fort adonné à la boisson. Il avait environ soixante camarades de débauche; ils avaient coutume de se réunir chaque jour dans la demeure de l'un d'eux. Le tour de chacun revenait au bout de deux mois. Ils persévérèrent quelque temps dans cette conduite. Enfin, un jour, le tour du chéikh Chéhab-Eddin arriva. Mais la nuit même qui précéda ce jour (1), il résolut de faire pénitence et de se récon-

(1) Littéralement la nuit du tour. La journée des musulmans commence au coucher du soleil.

cilier avec Dieu ; mais il se dit en lui-même : « Si je dis à mes compagnons, lorsqu'ils seront réunis chez moi, que j'ai fait pénitence, ils penseront que c'est par impuissance de les traiter. » Il fit donc servir les choses qu'il faisait servir auparavant, tant mets que boissons, et fit mettre le vin dans les outres. Ses camarades arrivèrent. Lorsqu'ils furent disposés à boire, ils ouvrirent une outre. Un d'eux la goûta ; il trouva que la liqueur qu'elle contenait avait un goût douceâtre. Ensuite on ouvrit une seconde outre, puis une troisième, et on les trouva également remplies. Les convives interpellèrent le chéikh à ce sujet. Il leur avoua la vérité, leur confessa franchement ses pensées secrètes, leur fit connaître sa pénitence et leur dit : « Par Dieu, ceci n'est pas autre chose que le vin que vous buviez ordinairement. » Ils firent tous pénitence, bâtirent cet ermitage et s'y retirèrent pour adorer Dieu. Beaucoup de miracles furent faits par le chéikh.

Nous partîmes de Djam pour Thous, une des plus grandes villes du Khoraçan. Elle a été la patrie du célèbre imam Abou-Hamid-al-Ghazzali, dont on y voit encore le tombeau. Nous allâmes de Thous à la ville du mausolée d'Ar-Ridha (*Mechched* Ar-Ridha). Ce dernier est Ali, fils de Mouça-al-Cazhim, fils de Djafer-as-Sadic. Mechched est aussi une grande ville, abondante en fruits, en eaux et en moulins. Al-Thahir-Mohammed-Chah y habitait. Thahir (littéralement le pur) a la même signification chez eux que *Nakib* (chef des Alides), chez les Égyptiens, les Syriens, les Irakiens. Les Indiens, les Sindi, les Turkistani disent en place de ces mots: Le seigneur illustre. Le mausolée était encore habité par le *cadhi*, le *cherif* Djelal-Eddin, que je rencontrai ensuite dans l'Inde, ainsi que par le chérif Ali et ses deux fils, Emir-Hindou et Daulet-Chah, qui m'accompagnèrent depuis Termed jusque dans l'Indoustan. C'étaient des hommes vertueux.

Le mausolée vénéré est surmonté d'un dôme élevé, et se trouve compris dans un ermitage. Dans le voisinage de celui-ci, il y a un médrécéh et une mosquée. Tous ces bâtiments sont d'une construction élégante; leurs murailles sont revêtues de cachani (1). Sur le tombeau est une estrade (*doccaneh*) de planches, recouvertes de feuilles d'argent, au-dessus de laquelle sont suspendues des lampes de même métal. Le seuil de la porte du dôme est en argent. La porte elle-même est cachée par un voile de soie brochée d'or. Le plancher est couvert de plusieurs sortes de tapis. Vis-à-vis de ce tombeau, on voit celui du prince des croyants, Haroun-Erra-chid, surmonté d'une estrade sur laquelle on place des candélabres (*chema'danat*), que les habitants du Maghreb appellent al-hisek et al-ménâïr. Lorsqu'un Rafédhite entre dans le mausolée pour le visiter, il frappe de son pied le tombeau de Rachid et bénit, *au contraire*, le nom de Ridha.

Nous partîmes pour la ville de Sarakhs, qui a donné naissance au vertueux chéikh Locman-As-

(1) Voyez sur ce mot deux des notes précédentes, p. 24, et p. 70.

sarakhsi. De Sarakhs nous allâmes à Zaveh, patrie du vertueux chéikh Cotb-Eddin-Haïder, qui a donné son nom à la congrégation des fakirs Haïdéri, lesquels placent des anneaux de fer à leurs mains, à leur cou, à leurs oreilles et même à leur verge, de sorte qu'ils ne peuvent avoir commerce avec une femme. Étant partis de Zaveh, nous arrivâmes à la ville de Niçabour, une des quatre capitales du Khoraçan. Elle est appelée le Petit-Damas, à cause de la quantité de ses fruits, de ses jardins et de ses eaux, ainsi qu'à cause de sa beauté. Quatre rivières la traversent. Ses marchés sont beaux et vastes; sa mosquée est admirable. Elle est située au milieu du marché, et touche à quatre médrécéh arrosés par une eau abondante et habités par beaucoup d'étudiants, qui apprennent la manière de lire le Coran et la jurisprudence. Ces quatre colléges sont au nombre des plus beaux de la province. Mais les médrécéh du Khoraçan, des deux Irac, de Damas, de Bagdad, de Misr, quoiqu'ils aient atteint le comble de la solidité et de l'élégance, sont tous inférieurs au médrécéh bâti près de la citadelle (*caçabah*) de Fez, par notre maître Al-Motévekkil-Ala-Allahi (celui qui met sa confiance en Dieu), le champion dans la voie de Dieu, le plus illustre des rois, la plus belle perle du collier des khalifes équitables, Abou-Inan. Ce dernier médrécéh n'a point d'égal en étendue ni en élévation. Les habitants de l'Orient ne sauraient reproduire les ornements en plâtre qui s'y trouvent.

On fabrique à Niçabour des étoffes de soie, telles que le *nekh* (1), le *kemkha* et autres, que l'on exporte dans l'Inde. Dans cette ville se trouve l'ermitage du *chéikh*, de l'imam savant, du pôle (Al-Cotb (2)), du dévot Cotb-Eddin-An-Niçabouri, un des prédicateurs et des pieux imams. Je logeai chez lui. Il me reçut avec hospitalité et me traita avec considération. Je fus témoin de miracles évidents et merveilleux opérés par lui.

Miracle de ce chéikh.

J'avais acheté à Niçabour un jeune esclave turc. Le chéikh le vit avec moi et me dit : « Cet esclave ne te convient pas ; revends-le. » Je lui répondis : « C'est bien. » Et je revendis l'esclave, le lendemain même, à un marchand. *Puis* je fis mes adieux au chéikh et je partis. Lorsque je fus arrivé dans la ville de Bestam, un de mes amis m'écrivit de Niçabour que l'esclave en question avait tué un Turc, et avait été tué en expiation de ce meur-

(1) Ibn Batoutah dit, dans deux autres passages cités par M. Dozy, *Dictionnaire détaillé*, p. 220, 221, note, que l'on appelait ainsi de la soie brochée d'or. Je ferai seulement observer que dans un troisième passage, cité également par M. Dozy, au lieu du mot *alchéikh*, deux de nos mss. (n°s 910, fol. 70 v., et 909, fol. 97 v.) portent *an Nécidj*, ce qui me paraît indubitablement la vraie leçon. — D'après l'auteur du *Camous*, cité par S. de Sacy (*Relation de l'Égypte*, par Abd-Allatif, p. 152), le mot al-Nekh a encore la signification de tapis long.

(2) Cf. sur le sens allégorique de ce mot, S. de Sacy, *Pend Nameh, ou le livre des conseils*, p. LVIII, LIX.

tre. Celà est un miracle évident de la part du chéikh (1).

De Niçabour je me rendis à Bestham, qui a donné naissance au chéikh, au contemplatif Abou-Iézid-Al-Besthami, dont on y voit le tombeau, renfermé sous le même dôme que le corps d'un des enfants de Djafar-Assadik. On trouve encore à Bestham le tombeau du vertueux chéikh, de l'ami de Dieu, Abou'l-Haçan-Al-Khorcani. Je logeai en cette ville dans l'ermitage du chéikh Abou-Iézid-Al-Besthami. Je partis de Bestham, par le chemin de...... (2) pour Condous et Baghlan, villages habités par des chéikhs et des hommes de bien et où se trouvent des jardins et des rivières. Nous logeâmes à Condous près d'une rivière, sur les bords de laquelle s'élève un ermitage appartenant à un chéikh de *Fakirs*, originaire d'Égypte et nommé Chir-Siah, c'est-à-dire, le lion noir. Le *vali* de ce canton nous y traita. C'était un natif de Mouçoul, qui habitait un grand jardin situé dans le voisinage. Nous séjournâmes environ quarante jours près de ce village, afin de refaire nos chameaux et nos chevaux ; car il y a là d'excellents pâturages et un gazon abondant. On y jouit d'une tranquillité parfaite, grâce à la sévérité des ordres de l'émir Boronthaïh. Nous avons déjà

(1) Un *miracle* tout semblable est raconté plus loin par Ibn Batoutah, dans sa description de Dehli; voyez ms. 910, f. 87 r.

(2) La véritable lecture de ce mot me laisse quelque incertitude, nos copies l'écrivant de trois manières différentes : Hendkhir, Mendzekhir, Hendokhaï.

dit (1) que la peine prononcée par les lois des Turcs contre celui qui dérobe un cheval, consiste à faire rendre au voleur l'animal volé et neuf autres en sus. S'il ne les possède pas, on lui enlève, en leur place, ses enfants. Mais s'il n'a pas d'enfants, on l'égorge comme une brebis. Les Turcs laissent leurs bêtes de somme sans gardiens, après que chacun a marqué sur la cuisse les bêtes qui lui appartiennent. Nous en usâmes de même dans ce canton. Il advint que nous nous mîmes en quête de nos chevaux, dix jours après notre arrivée (2); il nous en manquait trois. Mais au bout de quinze jours, les Tartares nous les ramenèrent à notre demeure, de peur de subir les peines portées par la loi. Nous attachions chaque nuit deux chevaux vis-à-vis de notre tente, afin de pouvoir nous en servir la nuit, si le besoin l'exigeait. Une certaine nuit nous perdîmes ces deux chevaux, et nous quittâmes bientôt après le pays. Au bout de vingt-deux jours, on nous les ramena sur le chemin.

Un autre motif de notre séjour fut la crainte de la neige; car il y a au milieu de la route une montagne nommée Hindou-Couch, c'est-à-dire, qui tue les Indous, parce que beaucoup d'entre les esclaves mâles et femelles que l'on emmène de l'Inde meurent dans cette montagne, à cause de la violence du froid et de la quantité de la neige. Elle s'étend l'espace d'un jour de marche tout entier. Nous attendîmes

(1) Voyez le ms. 910, fol. 65 v.

(2) Vingt jours, selon le ms. 910.

pour la passer, l'entrée des chaleurs. Nous commençâmes à traverser cette montagne, à la fin de la nuit, et nous ne cessâmes de marcher jusqu'au soir du jour suivant. Nous étendions des pièces de feutre devant les chameaux, afin qu'ils n'enfonçassent pas dans la neige. Après avoir surmonté ces difficultés, nous arrivâmes à un endroit nommé Andor. Il a jadis existé là une ville dont les vestiges ont disparu. Nous logeâmes dans un grand village où se trouvait un ermitage appartenant à un homme de bien, nommé Mohammed-Al-Mehrouï, chez lequel nous logeâmes. Il nous traita avec considération. Lorsque nous lavions nos mains, après le repas, il buvait l'eau qui nous avait servi à cet usage, à cause de la bonne opinion qu'il avait de nous. Il nous accompagna jusqu'à ce que nous eûmes passé la montagne d'Hindou-Couch. Nous trouvâmes sur cette montagne une source d'eau chaude, avec laquelle nous nous lavâmes la figure. Notre peau fut excoriée et nous souffrîmes beaucoup. Nous nous arrêtâmes dans un endroit nommé Bendj-Hir. *Bendj* (*Pendj*) signifie cinq, et *Hir*, montagne. Le nom Bendj-Hir veut donc dire cinq montagnes. Il y avait là une ville belle et florissante, sur un fleuve considérable et dont les eaux sont de couleur bleue, comme celles de la mer. Il descend des montagnes de Badakhchan, où l'on trouve le rubis que l'on appelle balakch. Tenkiz, roi des Tartares, a ruiné cette ville, et depuis lors, elle n'est pas redevenue florissante. C'est là que se trouve le mausolée du chéikh Saad-al-Mekki, qui est vénéré de ces peuples. Nous arrivâmes ensuite à la montagne de Péchaï, où se trouve l'ermitage du vertueux chéikh Atha-Evlia (*Atha* veut dire, en turc, père; le nom Atha-al-Evlia signifie donc le père des amis de Dieu). Les habitants de cet endroit prétendent que le chéikh est âgé de 350 ans. Ils ont pour lui une grande vénération et viennent, pour le visiter, des villes et des villages voisins. Les sultans et les *khatouns* se rendent près de lui. Il nous traita avec considération et nous donna un repas; nous campâmes sur les bords d'une rivière, près de son ermitage, et nous lui rendîmes visite. Je le saluai et il m'embrassa; sa peau était lisse, et je n'en ai pas vu de plus douce. Quiconque le voyait, croyait qu'il n'était âgé que de cinquante ans. On m'a dit que tous les cent ans, il lui poussait de nouveaux cheveux et de nouvelles dents.

Nous partîmes ensuite pour Pervan. Je rencontrai dans cette ville l'émir Boronthaïh. Il me fit du bien, me témoigna de la considération, et écrivit à ses *naïb* (préposés) dans la ville de Ghaznah, de me traiter avec honneur. Il a déjà été question de lui et de la haute stature qu'il avait reçue en partage. Il avait près de lui une troupe de cheikhs et de fakihs, qui habitaient des ermitages.

De Pervan nous allâmes à Tcharkh; c'est une grande ville, qui possède de nombreux jardins et dont les fruits sont excellents. Nous y arrivâmes pendant l'été et nous y trouvâmes une troupe de *fakirs* et d'étudiants ; nous y fîmes la prière du vendredi. L'émir de la ville, Mohammed-al-Djarkhi, nous donna un repas. Dans la suite, je le revis dans l'Inde.

De Djarkh nous partîmes pour Ghaznah, capitale du sultan belliqueux Mahmoud, fils de Sébuctéguin. Il était au nombre des plus grands souverains, et avait le surnom d'Iémin-Eddaulah. Il fit de fréquentes incursions dans l'Inde, et y conquit des villes et des châteaux forts. Son tombeau se trouve dans cette ville ; il est surmonté d'un ermitage. La plus grande partie de Ghaznah est dévastée ; il n'en subsiste plus qu'une petite portion. Elle a jadis été considérable. Son climat est très-froid ; ses habitants en sortent pendant l'hiver et se retirent à Candahar, ville grande et riche, située à trois journées de distance de Ghaznah. Je ne la visitai pas. Nous logeâmes hors de Ghaznah, dans une bourgade située sur une rivière qui coule sous la citadelle. L'émir nous traita avec égard.

Nous partîmes ensuite pour Caboul ; c'était jadis une ville considérable ; mais ce n'est plus qu'un village, habité par une tribu de Persans, appelée Afghans. Ils occupent des montagnes et des défilés et jouissent d'une puissance considérable. La plupart sont des brigands. Leur principale montagne s'appelle Kouh-Soleïman. On raconte que le prophète Soleïman gravit cette montagne, et regarda de son sommet l'Inde, qui était alors couverte de ténèbres. Il revint sur ses pas, sans entrer dans cette contrée. La montagne fut appelée d'après lui. C'est là qu'habite le roi des Afghans. A Caboul se trouve l'ermitage du chéikh Ismaïl l'Afghan, disciple du chéikh Abbas, un des principaux amis de Dieu.

De Caboul nous allâmes à Kermach, forteresse située entre deux montagnes, et dont les Afghans se servent pour intercepter le chemin. Nous les combattîmes, en passant près du château. Ils étaient placés sur la pente de la montagne; mais nous leur lançâmes des flèches et ils prirent la fuite. Notre caravane était peu chargée de bagages, mais elle était accompagnée d'environ 4,000 chevaux. J'avais des chameaux (1), par la faute desquels je fus séparé de la caravane. J'étais accompagné de plusieurs individus, parmi lesquels étaient des Afghans. Nous jetâmes une portion de nos provisions, et nous abandonnâmes sur la route les charges des chameaux qui étaient fatigués. Nos chevaux retournèrent les prendre, le lendemain et les emportèrent. Nous rejoignîmes la caravane après la dernière prière du soir, et nous passâmes la nuit à la station de Chech-Naghar, le dernier endroit habité sur les confins du pays des Turcs. Nous entrâmes ensuite dans le grand désert, qui s'étend l'espace de quinze journées de marche. On n'y entre que dans une seule saison, après que les pluies sont tombées dans le Sind et l'Inde, c'est-à-dire, au commencement du mois de juillet. Dans ce désert souffle le vent empoisonné (al-Sémoum) et mortel, qui fait tomber les corps

(1) Au lieu de cette leçon, qui est celle de trois de nos mss., le n° 910 porte *homma*, c'est-à-dire, une fièvre.

en putréfaction, de sorte que les membres se séparent après la mort. Nous avons dit ci-dessus (1) que ce vent souffle aussi dans le désert, entre Hormouz et Chiraz. Une grande caravane, dans laquelle se trouvait Khodavend-Zadeh, cadhi de Termed, nous avait précédés. Il lui mourut beaucoup de chameaux et de chevaux; mais par la grâce de Dieu, notre caravane arriva saine et sauve à Pendj-Ab, c'est-à-dire, au fleuve du Sind.

(1) Page 79.

www.ingramcontent.com/pod-product-compliance
Ingram Content Group UK Ltd.
Pitfield, Milton Keynes, MK11 3LW, UK
UKHW021936200726
13855UKWH00007B/622

9 782012 933972